我们中国了不起

上天入地的高科技

科学家讲给小朋友的
前沿科学与技术

中国青年报社 学而思网校 编著

高星 张娴 绘

中信出版集团 | 北京

图书在版编目（CIP）数据

我们中国了不起. 上天入地的高科技 / 中国青年报
社, 学而思网校编著；高星, 张娴绘. -- 北京：中信
出版社, 2021.6（2021.7 重印）
ISBN 978-7-5217-2985-6

Ⅰ.①我… Ⅱ.①中… ②学… ③高… ④张… Ⅲ.
①科学技术−中国−青少年读物 Ⅳ.①N12-49

中国版本图书馆CIP数据核字(2021)第051374号

我们中国了不起：上天入地的高科技

编　著　者：中国青年报社　学而思网校
绘　　　者：高星　张娴
出 版 发 行：中信出版集团股份有限公司
　　　　　　（北京市朝阳区惠新东街甲4号富盛大厦2座　邮编　100029）
承　印　者：北京中科印刷有限公司

开　　本：787mm×1092mm　1/16　　　印　张：7　　　字　数：150千字
版　　次：2021 年 6 月第 1 版　　　　印　次：2021 年 7 月第 2 次印刷
书　　号：ISBN 978-7-5217-2985-6
定　　价：28.00元

出　　品：中信儿童书店
图书策划：中国青年报社　学而思网校　知学园
特约策划：毛浩　张邦鑫
特约技术：刘庆逊　南山　王翠虹　刘硕　贾丽华　邹赞　姚燕妮
策划编辑：鲍芳　于淼　　　责任编辑：鲍芳　　　营销编辑：张超　李雅希　王姜玉珏
文字编辑：韩笑　　　　　　特约编辑：张媛媛　　　封面绘制：庞旺财
封面设计：姜婷　　　　　　内文排版：谢佳静　王莹

专家委员会（按姓氏笔画排序）

用"强国课堂"讲好中国故事

《我们中国了不起》是 2019 年"强国课堂"第一季视频课程结集出版的图书。

当时，中国青年报社正在全面推进全媒体融合改革，提出"强国一代有我在，建功立业有作为"，提倡打造"视觉锤"，推出了一系列具有影响力的全媒体作品，包括微电影、微纪录片、MV、系列网课等，"强国课堂"便是"强国系列"精品内容之一。

习近平总书记反复强调文化自信，党的十九届五中全会审议通过的《中共中央关于制定国民经济和社会发展第十四个五年规划和二〇三五年远景目标的建议》，明确提出到 2035 年建成文化强国的远景目标，并强调在"十四五"时期推进社会主义文化强国建设，明确提出"推进媒体深度融合，实施全媒体传播工程，做强新型主流媒体"。

中国青年报社作为中央主流大报、团中央机关报，始终把向青少年讲好中华文化故事作为我们的重要职责。

"强国课堂"让"大先生"讲"小故事"，为文化强国建设助力。我们邀请的 30 位"大先生"包括两院院士、文化名家、大国工匠、一线科研人员等等，例如敦煌研究院名誉院长、被称为"敦煌女儿"的樊锦诗，中国工程院院士张履谦，港珠澳大桥岛隧工程项目总工程师林鸣，直-10、直-19 武装直升机总设计师吴希明，中核集团"华龙一号"总设计师邢继……这些精品内容得到了中宣部"学习强国"App、团中央官微、国资委新闻中心官网、人民网、新华网等重要平台的推介，第一季仅在"学习强国"的点赞量就达 67.66 万，播放量超 5000 万。

这个视频小课堂经过中信出版社的精品再造，结集为《我们中国了不起：超厉害的科学力量》《我们中国了不起：上天入地的高科技》《我们中国了不起：这就是中国精神》三本图文并茂的科普读物。在这一系列图书中，视频内容经过细致的整理和补充，以全新面貌出现在读者面前。这些"大先生"，以科学严谨的态度，将前沿的科技知识娓娓道来；以平易近人的姿态，将人生的经验细细传授。在跟随"大先生"一起探索了不起的中国力量的过程中，相信我们的小读者能够收获满满的科学知识，拓宽自己的科技和人文视野，树立崇高的理想。

正是"内容"的力量可以让我们两家文化单位以"内容"为媒，践行党的十九大提出的"深入挖掘中华优秀传统文化蕴含的思想观念、人文精神、道德规范，结合时代要求继承创新，让中华文化展现出永久魅力和时代风采"。

"强国课堂"的观众是青少年,他们被称为"Z世代"。全球"Z世代"青少年有26亿,他们数字化生存、知识结构多元、价值观多元、关注多元,要影响他们,我们就要找到代际之间人性的共通点,和他们走在同一条道路上,做到让文化多样性同频共振,打造"面向现代化、面向世界、面向未来"和"民族的、科学的、大众的"与时俱进的"内容"产品。

　　在全媒体改革进程中,报社上下锐意进取、勠力同心,致力于将"强国课堂"打造成孩子们看得懂、学得会、用得上的科普类视频作品。要把内容做好,需要做大量的资料收集和研究工作,前期团队多次沟通协调,寻找喜闻乐见的主题;多次头脑风暴,探索寓教于乐的呈现方式。节目创造了报社历史上数个第一:第一档以"强国"为主题的青少年素质课程;第一档"大先生"讲"小故事"的科普视频节目;第一个实现视频节目向图书转化的全媒体产品……

　　中青报人都有一种情怀——家国情怀。几年前,一位专家针对一千多名中小学生做了"长大最喜欢从事的职业"调查,其中排名第一的是企业家,其次是歌星影星,科学家、工人、农民位列倒数……这个项目的发起人贾丽华告诉我,"强国课堂"项目源于一个朴素的想法:让全社会尊重科学、尊重文化、尊重知识,就必须从娃娃抓起,请这些看似遥不可及的"大先生"为青少年讲课,让孩子们从小种下爱科学、重文化的种子。

　　众人拾柴火焰高,我们诚挚感谢首届联合出品单位:国务院国资委新闻中心、团中央青年志愿者行动指导中心。感谢第二季联合出品单位:中国运载火箭技术研究院、中国空间技术研究院、我们的太空新媒体中心。感谢第三季联合出品单位:中宣部宣传舆情研究中心。还要特别感谢合作伙伴学而思网校,和我们共同策划和推进"强国课堂"迭代创新。

　　感谢报社同事们为此项目付出的努力,他们是:乔建宾、王毅旭、李丽、王俊秀、崔丽、潘攀、邹赞、姚燕妮、黄毅、何欣、陈垠杉、杨璐、姜继葆……

　　我们希望通过"强国课堂"传递报国信念,培养青少年的科学意识,赋予他们前行的力量,助力"强国一代"健康成长!

中国青年报社总编辑　毛浩
2021年3月

见贤思齐，受益一生

孩子是天生的"观察者"和"好奇者"。

当翻看书本时，他们想穿越漫漫黄沙，看看莫高窟是如何保存至今的；当抬头看天时，他们的思绪早已飞到了直升机的螺旋桨上；当眺望大海时，他们好奇海上的超级大桥是怎么建起来的；当仰望夜空时，他们好奇无垠的宇宙中是不是存在外星文明……

这就是孩子眼中的世界，新鲜、有趣、充满可能。每当他们问出一个"为什么""怎么样""是不是"，都是在迈出探索世界的脚步。他们接触的人、看到的影像、阅读的书籍，都将深深影响他们对世界的认知。

如何保护好孩子的好奇心，陪伴他们探索世界，更好地唤醒和启发他们？这是 18 年来，数万好未来人共同思考的问题。

人的成长是一个非常复杂的过程。"教育"两个字，一半是"教书"，一半是"育人"。作为教育机构，好未来要做的不仅是传授知识，更是要好好"育人"，从品格、思维、习惯上真正帮助到孩子。

结合孩子"观察者"和"好奇者"的特性，如果能邀请到孩子们关注的事物的设计者、建造者、亲历者，分享他们的亲身经历，亲自解答孩子的每一个"为什么""怎么样""是不是"，对孩子来说是极为珍贵的成长机会。

2019 年，我们联合中国青年报社等单位，推出了针对青少年的首个"强国"主题的公益在线素质课程"强国课堂"，邀请樊锦诗、林鸣、吴希明等数十位各行业领域的领军人物和翘楚，分享自己的知识和经历，给孩子们答疑解惑，也让孩子们看到更多榜样的力量。

现在，基于"强国课堂"这一在线课程，《我们中国了不起》也与小读者见面了。这套图书共三册，通过精心编排，将视频课变成了深入浅出又趣味盎然的科普读物。在这一系列图书中，前沿的科学知识、有趣的科学故事、大师的殷殷期盼都得到了精妙的呈现。

虽然是给孩子的课程和书籍，但我也看得津津有味。在这些"大先生"娓娓道来的"小故事"中，既有知识的链接与贯通，更有坚定的理想，实干报国的精神和身体力行的真实故事，带给孩子强大的感召力，让孩子拥有筑梦现实的决心与能力，也带给我很多触动。

在《我们中国了不起：超厉害的中国力量》一册中，港珠澳大桥岛隧工程项目总工程师林鸣为我们解开了超级跨海大桥的秘密，告诉我们："人生的每一个工程，每一个机会，不管大小，都要用心去做。要相信，天道酬勤。"

在《我们中国了不起：上天入地的高科技》一册中，直-10、直-19武装直升机总设计师吴希明带领我们多角度了解直升机，身体力行地告诉每个孩子，当热爱和梦想终于成为一生的事业时，它将产生巨大的能量，不仅事业有所成就，更会收获人生幸福。

在《我们中国了不起：这就是中国精神》一册中，"敦煌女儿"樊锦诗将敦煌的故事娓娓道来，"我一生只做了一件事，那就是守护和研究世界文化遗产——敦煌莫高窟"，让我们看到梦想的光芒和坚持的力量。

在一个个故事中，我仿佛回到了自己的学生时代。

我上初中的时候，听到老师讲"见贤思齐"时，很是震撼。能够向贤能人士学习是一件多么美好的事，这让我跳出了对学习的原有认知——不仅要向书本学习，还要向一切人学习。向书本学习是学习知识，向一切人学习是学会做人。如今，"强国课堂"和《我们中国了不起》的成功落地，正是"见贤思齐"的圆满呈现。

在18年来的教学与实践中，我们越来越认识到，老师与孩子之间的交流，不仅是知识层面的流动，更多的是人和人之间情感的交流。老师最大程度地开拓孩子的视野，让孩子拥有对自己的信心，坚定孩子对未来的信念，一定会比某个知识点更让孩子受益一生。

时代变化，科技日新，教育理念也在与时俱进，但有些初心是不变的，比如"激发兴趣、培养习惯、塑造品格"的教育理念，"爱和科技让教育更美好"的教育使命。好未来希望做到的，不仅是教给孩子知识，更要培养让孩子受益一生的能力。

站在此时，眺望未来，好未来将继续用爱让教育变得有温度，用最先进的理念和技术推动教育进步；希望能让每一个孩子享有公平而有质量的教育，并由此出发实现自己的人生梦想；更希望中国的未来也由此出发，个人的选择与国家的梦想有着一致的方向就是中国梦的能量所在。

期待每一位读者朋友都能从本书获得启发，见贤思齐，受益一生。

好未来创始人兼 CEO　张邦鑫
2021 年 3 月

目录

与当代中国
了不起的超级总工程师、
两院院士、知名教授相遇

聆听他们的
科学见解和人生故事

一起探索未知
收获自信，树立理想

你见过藏在地下的"挖洞高手"吗？

盾构机是一种挖隧道的高手。盾构机如果 24 小时不休息，每天可以掘进 10 米左右。可不要小看这个长度，如果像以前那样，只靠工人师傅人力挖掘，每天大约只能挖 1.4 米，1000 米的地铁隧道，要挖上两年左右。如果用盾构机来挖，只需 3 个多月就搞定了，可以帮我们节省一年多的时间。

在工程师眼中，盾构机是"工程机械之王"。因为在环境复杂的地底工作，盾构机要针对硬度不同的土壤、岩石，准备不同的挖掘工具，想出不一样的挖掘对策。所以要造出这样一个神通广大的盾构机，需要丰富的知识和高超的技术。

最初，我国要想挖隧道，只能从国外进口盾构机；现在，我国自己研制出的最大直径盾构机——"京华号"，直径达到 16.07 米，高度超过 5 层楼，整机长 150 米，总质量有 4300 吨！我国不但自己能造出排名世界前列的盾构机，还让它们走出国门，为别的国家服务……这一路离不开我国工程师们的努力和汗水。

听说盾构机是个"多面手"，它在地下工作时，可以身兼数职，挖洞、出渣、铺路样样都优秀，它究竟是怎么工作的呢?

盾构机犹如一只巨大的"**钢铁蚯蚓**"，它的"办公室"在地下。盾构机进入地下挖隧道之前，工程师们要做一些准备工作：先在需要挖隧道的初始位置，挖一个大大的始发井，然后把盾构机的各个部分依次吊入井下。盾构机的"身体"中装着刀盘、驱动装置、输送机和管片安装机等一系列设备，就像一个长长的机械博物馆。工作人员把会把这些头、身、尾在井下组装好，盾构机就可以发挥威力了。

盾构机挖隧道几乎是一气呵成的。

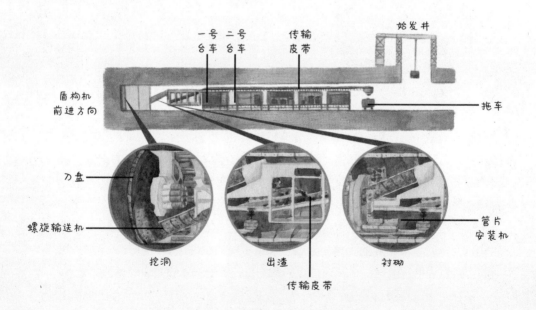

首先，挖洞。盾构机前端的刀盘像个巨大的电动剃须刀，刀盘每转一圈，就会切削下不少泥土或岩石。在强大的千斤顶推力下，刀盘不断向前挖掘，遇到难啃的沙砾层时，盾构机还会用泡沫和加浆系统，来"润湿"坚硬的沙砾，让沙砾变松软，就像人类用唾液浸湿吃到嘴里的食物一样，让刀盘削切掘进更容易。

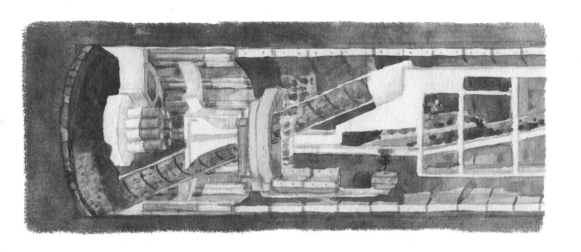

其次，出渣。 在盾构机的刀盘后方有一个专门收集渣土的土舱，装着被刀盘切削下来的泥土。这些泥土被螺旋输送机和传输皮带送入更后方的拖车中，再由拖车运出盾构机，通过始发井送达地面。

最后，衬砌。 盾构机每向前挖掘一步，除了同步"吐出"渣土，还要同时把"路"铺好。就像软体动物船蛆分泌液体，防止已挖过的潮湿的洞壁坍塌，盾构机也会铺设管片，加固挖好的隧道。管片是按照隧道壁尺寸提前做好的钢筋混凝土片。在盾构机的盾尾安装的管片安装机，就是负责给隧道装"护甲"的。隧道每掘进一步，管片安装机就会给新挖好的洞壁装上一圈管片，拼好的管片之间再用特殊材料密封，确保没有缝隙，不会渗水，一圈隧道保护壁就修建完成啦！

盾构机在工程机械中可以占据这么厉害的位置，主要有三个原因。

第一，它的工作环境非常艰苦。盾构机不但要在暗无天日的地底工作，还要应对千变万化的土层。全国各地的地下地质情况都不同，有硬岩，有软土，有砂卵石，还有含水的地层，盾构机可能要不时更换刀盘、刀具，来应付难啃的土层。这种工作环境比其他工程机械要艰苦得多。

第二，它的工作系统非常复杂。盾构机就像一个挖隧道的大工厂，为什么这么说呢？因为传统的隧道挖掘是把各个工序都分开，比如我们之前讲过的开挖、出渣（排土）、衬砌（加固），都是分开的，由不同的工作部门来完成。盾构机却是一次性完成这些主要步骤，同时还要兼顾测量等功能，所以盾构机的系统非常复杂。

第三，它的价格非常高。盾构机不但要把各种功能集中在一起，还要实现集中控制，并且确保这一切都安全可靠。这一大堆因素加起来，就导致盾构机的价格非常高，购

买一台盾构机需要花费几千万甚至几个亿。所以拥有属于自己的盾构机技术，对我们来说非常重要。

【小问号】

人类想飞上天空，于是发明了飞机；牛顿被一个苹果砸到，就发现了万有引力……那么，是什么帮助人类创造出了盾构机这么神奇的机械呢？

盾构机有近 200 年历史，最初的灵感来源于大航海时代的危险生物"船蛆"。船蛆又叫"凿船贝"，是一种生活在硬壳里的软体动物，住在木头里，可以轻松地在里面打洞，堪称破坏木船、木桩和木码头的"专家"。

法国工程师布鲁诺尔观察了船蛆在船体里钻洞的行为，还发现船蛆会从体内分泌一种液体，涂在孔壁上，形成保护壳，来撑住那些因潮湿而膨胀变形的木头，保证自己打的洞坚固、稳定。布鲁诺尔在船蛆的生存原理中获得了灵感，造出了世界上第一台盾构机。

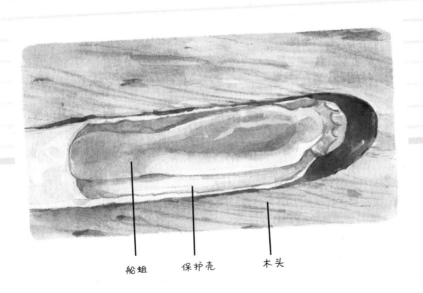

船蛆　　　保护壳　　　木头

过去 30 多年中，我国 40 多座城市修建了 5000 多千米地铁，其中大部分地铁隧道工程，都是用盾构机来完成挖掘的。与其他挖掘隧道的工具相比，盾构机这个大家伙究竟好用在哪儿？

与传统的爆破、人力挖掘相比，用盾构机挖掘最大的优势就是**高效**、**环保**。

盾构机能一次性把传统挖掘需要做的 3 步工作全做完，比传统挖掘速度快 3 倍以上。

盾构机在挖隧道时，它坚固的圆柱形身体对还没装好防护壁的隧道有临时支撑作用，可以承受土层压力或地下水压力，保证隧道的稳定。有了盾构机在地下牢牢支撑，地面就不会因为下面被挖了个大洞坍塌下去，地面的建筑和植物、人类的正常生活也不会受影响。可以说，我们的盾构机是个非常低调、爱惜环境的大家伙。

盾构机在地底干活时，经常挖着挖着就被一些东西挡住了，它都遇到过哪些"拦路虎"？又是怎么搞定的？

在每个城市地下，都有迷宫般错综复杂的下水管道、电线、电缆等，盾构机在地下挖隧道时，难免会遇到一些障碍物，阻碍工程进行。这些拦路虎有天然的，也有人工的。

天然拦路虎，是那些自然形成的地质难题，比如大块的孤石、天然溶洞，这些都是盾构机在挖掘时很可能碰到的障碍。

　　所以工程师们在前期地质勘探时，会做足探测准备，摸清这片等待挖掘的地下土层里有哪些障碍物。虽然如此，但在掘进过程中，目前的技术还不能准确地把这些拦路虎——探测出来，这时就需要提高我们盾构机的工艺，让盾构机变得更结实、更耐用，遇到再多障碍物都可以——扫清。

　　人工拦路虎，是我们之前人工建造或遗留的物体，比如那些废弃建筑留下的地基，或是很久以前人类留在地层里的杂物。当年挖掘武汉长江隧道时，工人们就曾在盾构机挖到的泥土里，发现了日本人遗留下来的炮弹和子弹。

　　遇到这些拦路虎时，盾构机该怎么办呢？在盾构机的挖掘过程中，遇到障碍物时，它的功能参数会发生变化，同时产生异响，刀盘、刀具会被磨损……盾构机上的传感器一旦察觉有异常，就会发出提醒。

　　随着科技越来越发达，工程师们把更多智慧植入盾构机。遇到障碍物时，盾构机会对障碍物做参数采集，再传至大数据平台，让专家一同分析，指挥盾构机下一步该怎么走。有了智囊团的指导，盾构机在地底探索也更安全了。

约 20 年前，盾构机只能从国外买；约 20 年后，我国盾构机也站在了世界前列。未来，中国的盾构机还会有哪些创新的技术革新呢？

全球的摩天大楼都在不断向上延伸，刷出城市新海拔，与此同时，人类的活动空间也在向下延伸，探访更广阔的地下空间。

在工程师眼中，通过人工智能的辅助，如果未来的盾构机可以做到**无人操控**，就可以去做一些更复杂、难度更高、人类不可能完成的事情。

比如现在修建的川藏铁路，海拔最高达到 4400 米，气压低，氧气稀薄，人在上面干活非常难受，工作效率也大大降低。如果能够实现盾构机无人操作，让盾构机自己上山挖掘，就可以轻松搞定许多大工程。

还有一些煤矿工程，由于矿洞里有天然气等危险气体，施工比较危险，如果盾构机可以自动施工，人不用进去，就可以大大保证人的安全。

我们现在已经实现了盾构机的**远程操控**，却还没有做到**真正的无人操控**。一旦遇到紧急问题，还是需要工程师们亲自去现场排查，比如盾构机在地下遇到刀具磨损，需要更换时，就要靠人去更换，没有完全做到无人操控、自动检修。但科技发展日新月异，相信在未来，我们的工程师们一定可以克服这些难题，让盾构机更加神通广大。

强国筑梦，大师寄语

程永亮　　中国铁建盾构产业化创始人

　　"强国课堂"的小朋友们，我从事的行业是建设咱们的地下空间，我也希望更多的同学来共同开发我们的地下空间。虽然我是一名盾构机工程师，但我仍要不断学习其他方面的知识，比如土木知识、地质知识，因为这些都跟盾构机的研究有关。有时，我们还要去工地请教在现场工作的师傅们。每一个人、每一个专业、每一个行业都有它成功的地方，值得我们学习。对我来说，学无止境，谦虚的态度是一个科研人员必须具备的基本素质。只有敬畏工作，敬畏自然，你才能进步。

"蛟龙号"主任设计师、首席潜航员叶聪

海洋深处
到底有什么？

听起来神秘又奇幻的潜水器，其实是一种可以在水下观察和工作的深海潜水装置，又叫"深潜器"。它可以带着人类下潜到海洋深处，帮人类用各种采集和探测工具考察深海未知生物、海底矿产资源，甚至是地球构造，带人类探索未知领域。

　　"蛟龙号"是第一台我国自己设计、集成研制的深海作业型载人潜水器。全球99.8%的海底，它都有能力探索到！2012年6月，"蛟龙号"在马里亚纳海沟下潜7062米，创造了当时世界同类作业型潜水器的最大下潜纪录，不但使我国跻身国际大深度载人深潜的先进国家行列，也把我国海洋开发技术推到了世界前沿。

　　"蛟龙号"也是海洋科学领域当之无愧的大国利器。有了它，我国探索世界深海的大门被打开。在我国南海、太平洋、印度洋等深海海域，"蛟龙号"收集了大量珍贵的样品和数据，为我国科学家研究"深渊科学"，提供了强有力的技术支撑。

　　"蛟龙号"肚子里装着科学家们的超级智慧，无论材质、设计还是装备，都经受住了7000多米深海的巨大考验。"蛟龙号"宽3米，长8.2米，高3.4米，质量不到22吨，像一辆海底大巴，它的乘客除了科学家们，还有神奇的深海资源。

　　"蛟龙号"椭圆的身体里有一个大圆球，这个大圆球是载人耐压舱，科学家们就是在这个耐压仓中潜入深海的。耐压舱可以容纳3个人，有3个观察窗，可供科学家们观察海底生态。舱壁采用70毫米厚的钛合金材质制成，

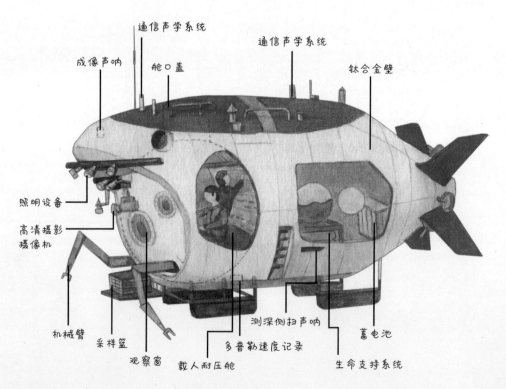

通信声学系统
通信声学系统
成像声呐
舱口盖
钛合金壁
照明设备
高清摄影摄像机
机械臂
采样篮
观察窗
载人耐压舱
多普勒速度记录
测深侧扫声呐
生命支持系统
蓄电池

轻巧又耐腐蚀，强度非常高，可以承受 7000 多米深海的超高压力。

7000 多米深的海底压力是多少呢？打个比方，一节高铁车厢重约 60 吨，把大约 117 节高铁车厢摞起来，全部压在 1 平方米的面积上，就是 7000 多米海底每平方米要承受的压力了！幸好"蛟龙号"的球形耐压舱有钛合金舱壁保护，人类才可以安全下潜到如此深的海底。

"蛟龙号"有哪些可以在海底施展的法宝呢？它的前端左右各有一只机械手，下方还有一个采样篮，可以用机械手来抓取和采集海底的生物或矿石，再装进采样篮里带回海面。"蛟龙号"的机械手曾抓过海参、玻璃海绵等海底生物。

"蛟龙号"身上还装备了多普勒测速仪、成像声呐、照明设备、测深侧扫声呐，以及高清摄像机、照相机等设备，可以精细地对海底地形地貌进行测量，还可以拍照、录像，确保在特殊的海洋环境中，潜水器可以成功完成保真取样、钻取矿芯等复杂任务。

"蛟龙号"上还配有生命支持系统，提供氧气、水、食品、药品等，可以保证 3 个人 12 小时内的生命安全，紧急情况下甚至可以维持 84 小时。

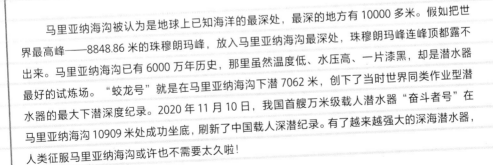

【小问号】

你知道地球上海洋最深处在哪儿吗？

马里亚纳海沟被认为是地球上已知海洋的最深处，最深的地方有 10000 多米。假如把世界最高峰——8848.86 米的珠穆朗玛峰，放入马里亚纳海沟最深处，珠穆朗玛峰连峰顶都露不出来。马里亚纳海沟已有 6000 万年历史，那里虽然温度低、水压高、一片漆黑，却是潜水器最好的试炼场。"蛟龙号"就是在马里亚纳海沟下潜 7062 米，创下了当时世界同类作业型潜水器的最大下潜深度纪录。2020 年 11 月 10 日，我国首艘万米级载人潜水器"奋斗者号"在马里亚纳海沟 10909 米处成功坐底，刷新了中国载人深潜纪录。有了越来越强大的深海潜水器，人类征服马里亚纳海沟或许也不需要太久啦！

乘"蛟龙号"下潜7000多米，就像在黑夜里坐观光电梯坐了3小时一样，眼前只有一片漆黑，并没有大家想象的那么炫酷。

因为深海中没有一点儿光线，海下超过1000米，大型生物也近乎绝迹，所以乘"蛟龙号"下潜时，周围的光线会渐渐变暗，往往只看得到水母这种发光生物。如果用温度和食物做诱饵，或许会吸引来那些在寒冷、黑暗中潜伏的蓑鲉等难得一见的深海生物。

"蛟龙号"凝结了科学家们的智慧，拥有运动控制、通信定位、操纵、探测、耐压密封等很多技术，自然不止是下潜几千米这么简单。

来到海底，它更重要的工作是去**采集样品、采集数据、布放设备**，以及在海底做**科学实验**。在驾驶员的操作下，"蛟龙号"可以用机械手来采集矿石样品，还可以精细探测小面积海底地形、地貌，或是用网兜抓取游动的生物，甚至探测几百摄氏度的高温热液。除此之外，

"蛟龙号"还可以在海底放置一些测量设备和标记。有时，它也可以包揽海底电缆和管道的检测。

"蛟龙号"还有**自我保护能力**。它曾在三四百摄氏度的高温热液环境周围工作，驾驶员要准确地让"蛟龙号"的探测设备进入高温喷口中央取样。它身上的传感器可以感知温度和距离，一旦过于接近热液区，"蛟龙号"就会马上撤回。有了这种自我保护机制，"蛟龙号"在海底就可以大展拳脚了！

> "蛟龙号"在深海中要执行很多复杂的任务，除了要下潜到一定的深度，还要会一些高超的"独门绝技"，你知道这些绝技都是什么吗？

"蛟龙号"不但可以潜入 7000 多米的深海，还有 4 个"独门绝技"。

绝技一：自动航行。 驾驶员只要设定好了方向，"蛟龙号"就可以自动航行，减少了驾驶员操纵的难度。"蛟龙号"的行动也非常灵活，可以自动定高航行，也就是与海底保持固定距离航行，避免潜水器碰撞到海底障碍物。它还有自动定深功能，也就是可以与海面保持固定距离航行。

绝技二：悬停定位。 这个绝技有点儿像武侠小说中的点穴招数，一旦在海底发现有趣的研究对象，驾驶员就"点穴"定住"蛟龙号"，让它在目标附近稳稳悬停，再操纵机械手抓取目标。

绝技三：水声通信。 我们常用的手机是靠电磁波来隔空通话，然而海水阻隔了电磁波。在 7000 多米深的海底，我们用什么跟海面联络呢？科学家们

发明了"水声通信功能"，把"蛟龙号"上的声音、文字、照片等信息转换成声音信号，传到水面的接收换能器上，换能器再把声音信号"翻译"成原本的声音、文字或图片，海面的母船就能知道"蛟龙号"探测到的海底的一切情况了。我国这门技术目前在世界上处于领先水平！

绝技四：大容量能源供给。"蛟龙号"不但要下潜7000多米，下潜之后还要在海底干活。持续10小时左右的超长待机是靠什么能源供给的呢？原来"蛟龙号"上配备了我国自主研发的大容量充油银锌蓄电池，电量超过110千瓦时，这也是目前世界上同类潜水器中容量最大的电池之一。

> "超深渊带"通常在距离海面6000米以下的地方，没有阳光，温度低，没有足够的氧气……为什么要派"蛟龙号"去探索这些危险的深海区域呢？难道有宝藏吗？

小朋友们，你们想过深海之中有什么吗？在我国造出"蛟龙号"之前，我们的深海知识储量也并不多。是"蛟龙号"潜水器带领我国科学家不断潜入深海，才有了今天的科学发现和资源累积。

那么，我们在海底究竟观察到了什么呢？

首先，科学家们对海底生态系统的发现颠覆了我们对生态系统的认识。比如**深海热液**。喷出深海热液的喷口周围不断堆积块状硫化物，形成"黑烟囱"，

它就像海底的火山口，不断冒出黑色的浓烟。热液的温度可达到 400 摄氏度，这些滚烫的液体也被称为"热液硫化物"，是一种备受瞩目的海底矿藏。在高达几百摄氏度的热液喷口处，还存活着大量生物群落，它们不怕高温，不需要氧气，单靠热液中的硫化物就可以生存。有科学家猜测，地球生命可能就起源于海底热液喷口，因为远古时期古菌也大多生活在高温、缺氧、含硫、偏酸的环境中，这与热液喷口的环境实在太像了！

除了神奇的生态系统，海底还蕴藏着丰富的资源，矿物和能源储量都超过陆地。比如 **可燃冰**，这种物质外表像冰，但遇火即燃，因为它是甲烷和水的化合物，也叫固体瓦斯、天然气水合物。它分布广泛，储量巨大，有望成为未来的新能源。有科学家推测，地球上的可燃冰可供人类使用 1000 年之久。"蛟龙号"在我国南海成功下潜到 7000 多米后，在试验性应用阶段执行第一个任务时，就在海底发现了可燃冰。人类在潜水器的帮助下，不断了解深海，从生物的演化到新能源的发现，我们探索海洋深处，也是在探索地球未知的"最后 1 公里"。

冷泉喷口
内壁附着的可燃冰

小说《海底两万里》中，"鹦鹉螺号"潜艇带着主人公们经历了奇幻的海底旅行。潜艇是一种在水下运行的舰艇，潜艇和"蛟龙号"这种载人潜水器，有什么区别呢？

　　潜艇，最早发明出来是为了作战。潜艇是个大块头，重达几千吨甚至上万吨，外观却非常低调，像一条细长的巨型的鱼。它的"体内"有很多舱室，比如武器装备舱、指挥舱、人员住宿舱、动力舱等，像个集成办公大楼。由于要执行水下潜伏或攻击任务，潜艇要在水下待很久，人们在潜艇里要住上几天甚至几个月。

　　比起潜艇，**潜水器**则是个小家伙，一般只有几十吨重，装不了太多东西，只能容纳一个人或几个人乘坐，这些都决定了它无法在海底待太久。潜水器更擅长深度下潜和深海作业，轻巧的重量也方便母船拖带。

　　载人潜艇的下潜深度最多只有一千多米。载人潜水器的下潜深度，则可以达到一万多米，而且还在不断挑战更深的深度。

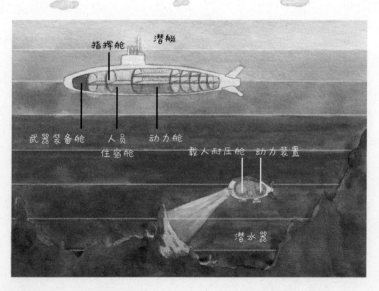

潜艇巨大的舱体使它无法承受深海的超强压力。潜水器则又小又轻，载人耐压舱还设计成了具有最佳抗压性的球形，配上强度超高的钛合金材质，可以承受深海的强大压力。

强国筑梦，大师寄语

叶聪　　"蛟龙号"主任设计师、首席潜航员

　　我小时候喜欢观察船只的设计，长大后就做了一名潜水器设计师。很多人会把兴趣跟工作、生活分开，我却喜欢把它们结合起来，让兴趣成为我生活的一部分。我当然想有更多人加入深海研究领域，但我更愿意看到，大家是真正热爱这个行业才来研究。因为科研工作没有外界想象的那么炫酷，而是一个严谨、复杂、花费时间积累和验证的过程，需要更多热爱才能做好。

　　希望小朋友们长大后，无论做什么工作，都可以真正热爱自己的职业，拥有自己的信仰，把爱好和职业规划结合在一起，精神上获得愉悦，工作中也有回报。我们越探索深海，越感觉自己知道的还太少。深海挑战需要更多人才、更先进的技术，也需要大量的知识积累、耐心和勇气。所以希望有越来越多的小朋友对深海产生兴趣，愿意把兴趣和未来的职业，与深海联系起来。期待你们的加入！

"鲲龙" AG600 总设计师黄领才

飞机也会 "游泳" 吗？

　　"鲲龙"AG600是我国自行设计研制的大型灭火、水上救援水陆两栖飞机，也是世界在研最大的水陆两栖飞机，它是中国新一代特种航空产品的代表，也是中国"大飞机三剑客"之一。

　　"鲲龙"AG600的航程可超过4000千米，可以航行12个小时，最大巡航速度达到500千米/时，约是轮船速度的10倍，运输类直升机速度的2倍以上。它还可以在2米高海浪的复杂海面实施救援行动，一次能救助50名遇险人员，可用于森林灭火、海上救援等紧急任务，大大提升了我国应对突发事件的能力。

　　"鲲龙"AG600于2017年陆地首飞成功，2018年水上首飞成功，2020年海上首飞成功。它的成功研发，填补了我国在水陆两栖飞机领域的技术空白，为我们打开了在水陆两栖自在遨游的希望之窗。

天上飞的飞机和水里航行的轮船，在外观上有着天壤之别。那么，"鲲龙" AG600 从外观上看，跟飞机和轮船有什么共同点和不同点呢？

从"鲲龙" AG600 的名字就可以知道，它是一种跨介质飞行器，既能在陆地起降，也能在水面起降，我们称之为**水陆两栖飞机**。水陆两栖飞机在外观布局和设计上与陆地飞机有很大不同。

机翼和尾翼。水陆两栖飞机一样有常规飞机的机翼、机身、起落架，但大多采用了上单翼和 T 形尾翼。什么是上单翼呢？机翼安装在飞机上方的，叫上单翼，这样的飞机视野开阔，便于装卸货物、搜救人员。"鲲龙" AG600 是典型的上单翼飞机，它高高的 T 形尾翼使发动机、螺旋桨远离水面，也可以避免自己被海浪打坏。

船型结构。水陆两栖飞机的机身下半部分，采用了高抗浪的船形结构，使飞机在水中能像船一样高速滑行，在 2 米高海浪中也能平稳起降救援，这可是根据水动力学设计出来的，陆地飞机没有这个功能。

浮筒装置。在机翼两侧，额外多出了两个悬挂的浮筒装置。这是为什么呢？原来，水陆两栖飞机在水面低速滑行时，一旦水面不稳，有波浪袭来，就会向一侧倾斜。为此，设计

【小问号】

"鲲龙"的名字是怎么来的？

中国古代传说中，"鲲"是一种可以变成鹏鸟的大鱼。"鲲龙"这两个字，生动地展现了水陆两栖飞机的特点，它既可以上天变为"鲲鹏"，又可以入水变为"蛟龙"，是我国飞行器中的超强"新物种"。

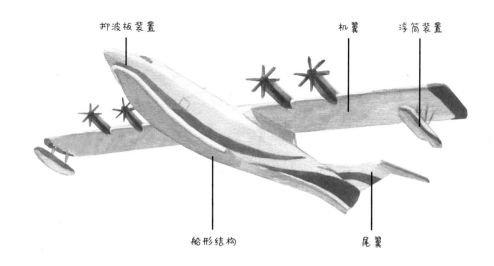

抑波板装置　　　　　　　　　　　　　　　机翼　　浮筒装置

船形结构　　　　　　　　　　尾翼

师们为"鲲龙"AG600 的两侧机翼加装了浮筒装置，它就像我们学游泳时两臂套的浮力手臂圈，起到了横向稳定、辅助支撑的作用，可以避免飞机向一侧倾倒，使飞机在水面漂浮、低速滑行和水面起飞时，仍能保持平衡，不会向一侧倾覆。

抑波板装置。在水陆两栖飞机船体前面，有一个抑波板装置，有了它，船体在水面激起的水花，就不会打到襟翼、螺旋桨，甚至驾驶室玻璃上了。

我们去机场乘飞机时，会发现机场有很多长长的跑道，这是因为飞机起飞需要在跑道上助跑，才能获得足够的速度和升力。"鲲龙"AG600 这样一架会游泳的飞机，是如何在水面起飞的呢？

比起在陆地上起飞，水陆两栖飞机在水面起飞有两个难题：一是水面不像陆地那么平稳，飞机会被波浪推得东倒西歪；二是水面会对飞机底部产生吸附力和阻力，使飞机很难飞入空中。

设计师们针对第一个难题想出了浮筒装置：前面已经讲过，在机翼两侧各加上一个浮筒，就可以帮飞机在水上保持平衡，风浪再大也不怕了。

针对第二个难题，设计师们也想出了聪明的对策。他们在"鲲龙"AG600水陆两栖飞机的底部，靠近中间的位置，设计了一个台阶，也叫"**断阶**"，就像飞机升空的踏板一样。它是怎么发挥作用的呢？

当飞机漂浮在水面时，水面吸力和大气压力使飞机像被吸住一样，无法飞离水面。这时，发动机开始使劲，飞机慢慢加速，头部渐渐扬起，飞机与水平面的相交线渐渐向后退去，退到断阶位置时，产生气水分离，机身与水面就会形成一个空气层。这就像在飞机与水面之间塞入了一个"空气楔子"，使飞机与水面之间有了缝隙。可不要小看这小小的缝隙，它可以减少水面对机身底部的吸力，减小水的阻力，使机身后部拥有充足的空气流通量，消除机身上下的大气压力差，使飞机顺利挣脱水面的"拉扯"，快速升空。

有了"断阶"产生的气水分离作用，随着飞机速度越来越快，当机翼获得足够的升力时，两个辅助平衡的浮筒也会离开水面，这时就可以通过控制机翼上的副翼，来使飞机保持平衡。当飞机进一步加速到离水速度时，就可以彻底离开水面，冲向天空了。

森林火灾救援或水上救援时，直升机也会参与救援工作。与直升机相比，在救援时，"鲲龙"AG600水陆两栖飞机有什么超强能力吗？

　　森林火灾救援时，直升机吊桶灭火是非常快速、方便的救援方式之一，但直升机高原飞行运水量有限，这时就要求助高原起降性能优异且"超级能装"的水陆两栖飞机了！

　　"鲲龙"AG600水陆两栖飞机的机身下部中段配有4个水箱，每个水箱可以装3吨水，单次汲水量可达 12 吨。遇到大面积森林火灾时，只要附近有1500米长、200米宽、2米到3米深的水域，水陆两栖飞机就可以在上面滑行汲水，并且无须停留，就像小鸟贴着水面飞过一样，15秒左右就能汲满12吨水。这些水投下去，单次投水就可以覆盖4000余平方米的森林，相当于10个篮球场那么大。如此循环往复，就可以快速把火扑灭。另外，为了让飞

机取水更便捷，设计师还为"鲲龙"AG600加装了地面注水系统，不用担心附近无水可汲。

海上救援，尤其是距离海岸500多千米的中远海救援，直升机和船只都因航程过远，很难实现及时有效的救援，这时也需要我们的水陆两栖飞机来帮忙。"鲲龙"AG600最高速度可达500千米/时，救援500千米远的遇险目标，最快只需1小时就能到达，一次可以救援50名遇险人员，可最大限度地确保不会错过最佳救援时间。

除了森林灭火、海上救援，由于具有水上起降的优势，"鲲龙"AG600水陆两栖飞机还可以执行岛礁运输、海洋环境监测、资源勘探、海上缉私与安全保障、海上执法与维权等特种任务，简直是水陆两栖界的"超强卫士"。

"鲲龙"AG600研制了10年之久，整架飞机由上百万个零件组成，是名副其实的"大飞机工程"。这样一架水陆两栖飞机的诞生，经历过哪些考验呢？

"鲲龙"AG600水陆两栖飞机的研制是一个复杂的系统工程，要克服许多困难，搞定下面一系列超难的测试。

1. 漂浮安全性测试。飞机必须要在水面安全地漂浮。在超大载重下，飞机也要稳稳地停泊在水面上，不能沉掉。

2. 阻力控制测试。如果水的阻力太大，发动机力气又小，飞机在水上就只是个快艇，永远飞不起来。

3. 水面滑行的稳定性测试。在水面高速滑行时，受水面波动干扰，飞机会有俯仰姿态的变化，如果控制不住，飞机就会一头钻入水里。

4. 飞机可操纵性测试。飞机滑行时，因为水的阻力大，黏性也大，还没

漂浮安全性测试　　　　　阻力控制测试　　　　　水面滑行的稳定性测试

断阶　　　　　　　　浮筒装置

飞机可操纵性测试　　　　　喷溅测试　　　　　　抗浪性测试

达到起飞速度时，飞机的操纵性会很差。因此飞机的可操纵性也是设计师需要考虑的重要指标。

5. 喷溅测试。飞机在滑行时，激起的水花会产生喷溅，影响螺旋桨、发动机，甚至会撞坏飞机结构。

6. 抗浪性测试。有波浪时，飞机要有足够的抗浪能力，才能执行恶劣天气下的救援任务。

这6个水动力学方面的特殊要求，是陆上飞机不必考虑的，只有水陆两栖飞机才要额外冲破这些难题，设计师们曾为此做了10000多次试验。正是这些试验，造就了我们今天的"鲲龙"AG600水陆两栖飞机。

水陆两栖飞机的研发这么难，那么，别的国家研发好的飞机，我们为什么不直接买过来用呢？要不然，干脆跟他们一起研制，不是效率更高吗？

从国外购买的确可以解决一时的燃眉之急。但对于我们这样一个大国来讲，这种大型水陆两栖飞机的研制不仅仅是研制一个新产品，它更是国家能力的象征，也是综合国力的体现。研制水陆两栖飞机，除了让我们有产品可用，还有更重要、更深远的意义。

门类齐全的工业体系是衡量一个国家科技实力和综合国力的重要标志。我国研制水陆两栖飞机，背后也有一支非常庞大的团队。配套的供应商有 80 多家，参与研制的单位有 150 多个，还有十几所院校来帮忙，大约几十万人参与了我们的研制，遍布我国 20 个省市自治区。

水陆两栖飞机研制涉及的领域也非常广泛，有航空工业、船舶工业、航天工业，有冶金、化工、纺织等领域的知识，还涉及机械、电子、结构、机载设备、实验试飞等测试，这些构成了一个非常复杂的工业体系。因此，我们把航空工业称为"工业之花"，因为它是一个国家综合国力的体现。

研制水陆两栖飞机使我们有了自己的工业体系、自己的研制队伍、自己的技术标准和系统。未来，我们需要任何产品，都可以把它研制出来，生产制造出来。只有拥有了这种能力，才能够平等地与其他国家合作。独立自主地攻克大型特种飞机，这种能力对我国来讲至关重要。这条路一定要靠我们自己走出来！

强国筑梦，大师寄语

黄领才 "鲲龙" AG600 总设计师

　　我有几句话想送给大家。第一，我们每个人从少年时期起，就应该有自己的理想和梦想，并坚持为这个目标去努力奋斗。第二，我希望大家可以把自己的命运和国家的命运紧密联结在一起，这样才能充分体现每个人自身的价值和意义。第三，大家在今后的学习乃至未来的工作中，如果遇到各种各样的困难，都要有坚定的信心和坚韧不拔的毅力，要有忍耐的能力、吃苦的能力，甚至受委屈的能力，要耐得住寂寞。当你经过一段时间的奋斗，一定会为自己的付出和取得的成就而感到自豪。希望我们每个人都能够成为对社会、对国家有益的人。

直-10、直-19武装直升机总设计师吴希明

直升机
是从竹蜻蜓
变来的吗？

直升机与我们日常乘坐的民航飞机不同，它可以垂直起飞和着陆，还可以低空、低速飞行，甚至悬停在空中、向后飞、侧着飞……这种灵活的飞行能力，让它可以做许多飞行器干不了的活儿，比如飞过狭窄的山谷、穿过密集的楼群、在大海上悬停或在崇山峻岭中往返穿梭……因为飞行速度快、行动灵活，还可以装运物资，直升机被用于火灾救援、海上急救、商务运输、喷洒农药、探测资源、观光旅游、海上巡逻、通信指挥、军事作战等各个领域。

我国于 20 世纪 50 年代开始研究直升机，从最初的一张白纸，要从别国引进直升机技术，到一步步与别国合作开发直升机，再到如今可以自己研发、生产强大的武装直升机……我国制造的专业武装直升机直 -10，是亚洲各国第一种自研专业武装直升机，使我国全面实现了直升机从跟踪研制到自主创新的飞跃。

这一路离不开科研工作者们不懈的努力，相信在不久的将来，我国直升机事业会更加光芒万丈。

我们出门旅行时，经常会搭乘民航飞机，它也是人类的飞行工具。直升机与民航飞机这两种飞行工具有什么不一样呢？

民航飞机和直升机虽然都是飞行器，却有很多不同点。

长得不一样！ 民航飞机的机翼装在细长机身的两侧，是一种固定翼航空器。直升机的**旋翼**却装在机舱头顶，是一种旋翼航空器。

大小不一样！ 民航飞机通常非常巨大，世界上最大的民航飞机是有"空中客车"之称的 A380，有 8 层楼高，最多可以容纳 800 多人；直升机的身材则比较娇小，哪怕是全世界最能装的重型直升机，也只能容纳 100 多人。

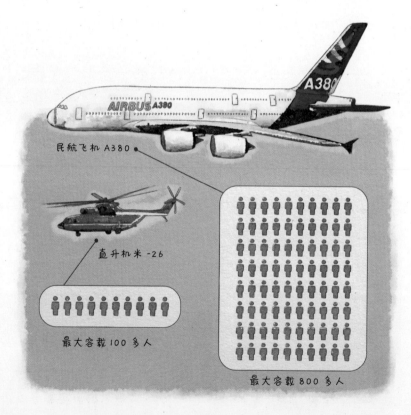

民航飞机 A380

直升机米 -26

最大容载 100 多人

最大容载 800 多人

起飞方式不一样！ 民航飞机起飞前会在跑道上滑行很长一段距离，当速度快到一定程度，飞机的机翼就获得了足够的升力，得以飞上天空。所以民航飞机的机场都非常广阔，有很长的跑道，确保飞机有充足的距离滑行起飞。然而直升机起飞却是另一番景象，它不需要"助跑"，哪怕是在高耸入云的摩天大楼楼顶，也可以垂直起降。这是因为，直升机是靠头顶的旋翼来产生升力，飞上天空的。所以直升机的起降比民航飞机要灵活得多。

干的活儿不一样！ 民航飞机的主要工作是运送旅客，直升机的工作内容却非常繁多。抗震救灾时，我们会看到直升机参与救援；森林火灾中，我们会看到直升机奋勇灭火；海上救援时，我们会看到直升机运载伤员；保卫领土时，我们又会看到直升机大显神威。

> 直升机的旋翼也叫螺旋桨，跟玩具竹蜻蜓很像，那么直升机是受竹蜻蜓启发才发明出来的吗？原理一样吗？

没错！我们现在看到的直升机真的是受到了竹蜻蜓这种小小玩具的启发！它起飞的原理竟然和竹蜻蜓一模一样。

竹蜻蜓是我国祖先在 2000 多年前发明的轻巧小玩具，它的造型非常简单，仅仅由两部分组成：**竹柄和叶片**。小朋友玩竹蜻蜓时，只需两手夹住竹柄，轻轻一搓，向空中一抛，竹蜻蜓就依靠叶片的旋力腾空飞起。

竹蜻蜓的叶片不是平平的，它们稍稍扭曲，与水平面有个倾斜的角度。所以，叶片旋转时，就像一把横扫的扇子，会将空气向下扇去。这时，空气受到挤压，就会产生反作用力，也叫**升力**，这股升力会把叶片轻轻托起。当我们用双手搓动竹蜻蜓的竹柄时，叶片旋转起来，不断下压空气，产生升力……

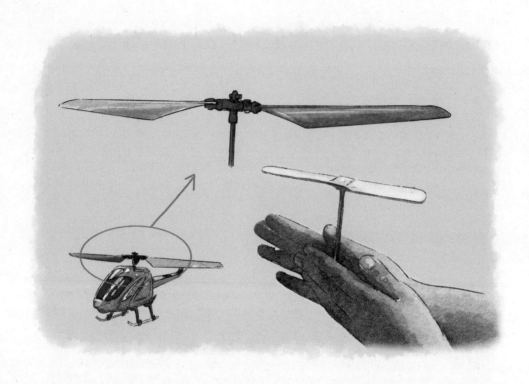

当升力大于竹蜻蜓自重时，竹蜻蜓便具有了飞行能力。

那么，直升机也可以这样飞起来吗？一点儿没错！直升机的旋翼就像竹蜻蜓的叶片，**旋翼轴**就像竹柄，带动旋翼的发动机就像搓动竹蜻蜓的双手。

当直升机启动后，发动机带动旋翼越转越快，桨叶向下推动空气，产生升力，使直升机升到空中。当发动机减慢旋翼的速度，直升机就可以悬停或降落。而直升机尾部的小螺旋桨，可以阻止机身被大旋翼带得转圈圈，帮直升机在空中保持稳定。

【小问号】

武装直升机和运输直升机长得一样吗？

用来作战的武装直升机与用来装物资的运输直升机有很大区别，从外观上一眼就能看出不同。武装直升机要求作战能力强，因为它们在战场上既要攻击敌方，又要保护自己，还要灵活躲避，所以大多机身窄，体形小，旋翼噪声相对较小，发动机声音小，操纵灵活，外观上也会设计得小巧玲珑，让敌人很难发现。运输直升机则要求执行任务能力强，也就是"能装"，所以它们大多机身空间大，有很多座椅，有些还很舒适，可以运输很多物资和人员。

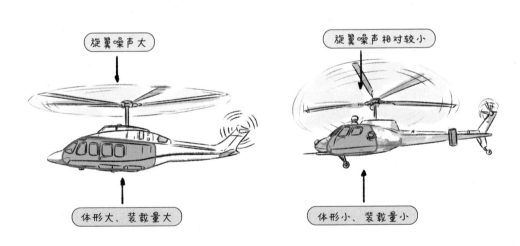

旋翼噪声大

体形大、装载量大

旋翼噪声相对较小

体形小、装载量小

在电视新闻里经常可以看到直升机飞在空中，奋勇扑灭森林大火，它是怎么做到的呢？

直升机不受地面道路限制，在交通不便的地方堪称"神助力"，比如山区的森林救火。

我国森林面积广大，约有 220 万平方千米，排名世界第五位。一旦森林发生火灾，很可能会是大面积火情，靠人力无法扑灭。而且森林大多在交通不便的山区，消防车没法开进山里。这时，快速高效的直升机就成了救火主力军。

森林火灾不大时，直升机可以把灭火队员运送到着火点附近，让他们进行灭火。灭火队员无法到达地面时，直升机还可以快速起降，就近取水灭火。

直升机的灭火方式有两种：一种是**吊桶洒水**，直升机飞到水源地后，就

像在井里打水一样，投下水桶，装满后再吊起，飞回火灾现场喷洒；另一种是**机腹式水箱洒水**，直升机在"肚子"里装满水后，飞回火灾现场，大面积喷洒。

刚开始着火时，可以用吊桶洒水，把烧得厉害的着火点先扑灭，不让火势蔓延，降低地面温度，方便地面部队扑火；之后再在略低的高度用水箱洒水，进行大范围灭火。

我国国产的直 -8、AC313 直升机在森林救火中都发挥了巨大作用。这些常用的消防直升机，一次起降时可以用绳子吊起 3 ~ 4 吨水。如果 1 平方米范围内的火需要 3 千克水来扑灭，那么，我国消防直升机一次起降运来的水，可以扑灭 1000 ~ 1300 平方米的森林大火。1300 平方米是什么概念呢？一个标准篮球场地有 420 平方米大，直升机一次起降运来的水可以同时扑灭 3 个篮球场那么大的火，简直像个巨型灭火器！

直 -10 是中国新一代专业武装直升机，也被我国直升机设计师称为"最英俊的男孩子"，它是一架什么样的直升机呢？又是怎样被研发出来的？

直 -10 又叫武直 -10，绰号"霹雳火"。它是我国自主研发的第一种专业武装直升机，也是全亚洲第一种自主研发的专业武装直升机，堪称我国直升机家族中的"明星直升机"。

直 -10 全长 14.15 米，头顶主旋翼有 5 片叶片，可以搭乘 2 人。直 -10 可以根据不同战斗任务装备不同武器，比如反坦克导弹、空空导弹等，战斗火力强劲。直 -10 还配有先进的光电观测窗、红外线热影像仪、激光测距仪、双眼头盔瞄准系统等，作战中可供武器操作员准确地瞄准和攻击。

直-10的诞生是我国科技力量的象征，大大提高了我国陆军航空兵夺取超低空制空权的能力和反装甲能力，还把我国直升机的整体研发进程向前推进了20年，让我国终于在直升机研制上挺起胸膛，拥有了自主创新研制的武装直升机。

武装直升机的研发生产能力也考验着一个国家各个行业技术发展的综合水平。研制一架直-10，需要组装几万个零件，用到千余种材料，进行几百场实验，调动百余家单位，召集十几万人，连续工作十几年。这庞大的研发规模意味着研制一架武装直升机，仅靠科学家们的智慧还不够，过程中的复杂性和技术性，也需要国家方方面面的优秀技术来做后盾。

许多科学家在直-10首飞前，几乎全年无休地工作着。他们在没有任何样机做参考，系统和发动机技术也毫无基础的情况下，凭着一腔热血和从不气馁的精神，反复研究、反复交流、反复迭代、反复提升、反复推进，攻克了一个又一个关键技术难关，花费了十几年时间，终于突破了武装直升机的一系列难题，掌握了国产直升机研制的创新技术。2003年4月，直-10试飞成功，我们终于拥有了足以保卫自己的大国重器！

强国筑梦，大师寄语

吴希明　　航空工业旋翼飞行器首席设计专家
直-10、直-19武装直升机总设计师

希望同学们在日常生活中多多观察、多多动手，有兴趣的同学还可以积极学习直升机的相关知识。我常说"做事要做到极致"，这也适用于直升机研究领域。如果一件事成功后，你就把它推到一边，觉得自己到达了顶峰，这其实并不算成功，因为大家一直你追我赶，不进步就会被人超越。我们做科研工作，就要有这样一种永不停步的精神。我们也不应害怕失败，就算失败了，哪怕失败的次数减少了，这也是一种成功。未来，希望有更多的人热爱直升机，投身航空工业直升机产业，认真钻研直升机，一起来研发专属于中国的直升机，成为优秀的直升机设计师，为我们的直升机、为国家、为国防做出更大贡献。

中国工程院院士
制导系统工程专家钟山

与对手远隔
万里，也能激烈
对战吗？

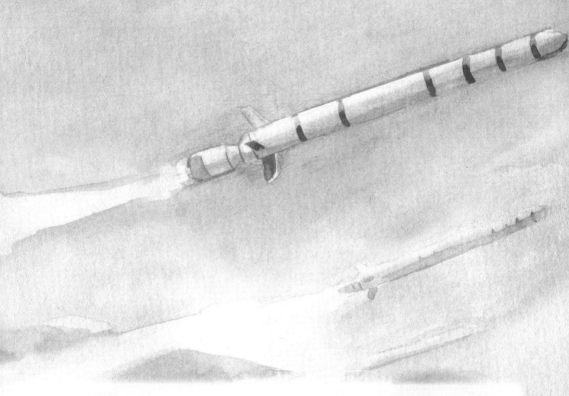

　　导弹是一个国家军事力量的象征，也是维护国家安全的重要武器。导弹威力大、飞得快、功能多，还能精准定位打击地面、天空、海洋等不同领域的目标。射程超过 8000 千米的洲际导弹，一秒就可以飞越几千米。

　　导弹的诞生让世界各国的战斗方式变得大不一样。古时候，两方对战，必须面对面，短兵相接。然而有了导弹这样的高科技武器，现代战争中，敌对双方完全不必碰面，哪怕远隔万里，也可以进行激烈对战。

　　我国自主研发的导弹在射程上已全面覆盖近程、中程、远程和洲际射程。红旗 -22 防空导弹，是我国主力大型防空导弹之一，曾在中华人民共和国成立 70 周年阅兵式上亮相。东风 -5 洲际弹道导弹，则是我国威慑对手的主要战略武器。东风 -41 洲际弹道导弹，射程突破 12000 万千米，几乎可以飞到地球上任何一个角落，是我国目前最先进的战略核导弹系统之一。

　　经过科学家们 60 多年的不懈努力，我国导弹也步入了"大国利器"行列，冲在了世界前列。从地面、海洋到天空，导弹编织的防护网守护着我们的安全，也证明了我们的大国实力。

制导系统

战斗部

弹体结构

动力装置

【小问号】

导弹是什么？

　　导弹是一种会飞的武器，它自带战斗系统，可以依靠自身动力飞上天空，并按照轨迹飞行，精准摧毁目标。导弹由制导系统、弹体结构、战斗部和动力装置组成。制导系统就像导弹的"领航员"，它可以控制导弹的方向、高度、速度等，引领导弹分毫不差地飞向目标。动力装置就像导弹的"翅膀"，负责让导弹飞到目的地，不会中途掉下来。弹体结构就像导弹的"皮肤和骨架"，包括外壳和内部结构，能承重，便于导弹携带物品。战斗部则是导弹的"火力"，是摧毁目标的关键，按照战斗部里装填的东西不同，导弹可分为常规导弹、特种导弹和核导弹。

　　1960 年前后，美国 U-2 侦察机多次闯入我国领空，为了严厉打击敌人，我国与之展开了激烈的空中对抗。我国导弹是在这时闪亮登场的吗？

　　美国 U-2 侦察机是一种可以在超过 2 万米高度执行侦察任务的高空侦察机，曾被誉为世界上最先进的侦察机。为了阻止 U-2 不断闯入我国领空，20

世纪 50 年代末，我国开始自主研发导弹技术，誓要拥有国产导弹系统。

终于在 1965 年，我国用自己制造的**红旗 -1 号**防空导弹成功击落了一架 U-2 侦察机，迈出了国产导弹的第一步。接着 1967 年，我国又潜心研制出红旗 -2 号地空导弹，在红旗 -1 号的基础上，专门针对打击 U-2 侦察机的需求，设计了更广阔的打击区域，射程更远，命中率更高，还增强了抗干扰能力。红旗 -2 号正式出击后，在空中有干扰的情况下，仍然成功击落了一架 U-2 侦察机，漂亮地完成了打击任务，也证明了自身优秀的抗干扰能力，保护了我国领土不受侵扰。

经过我国科学家的不懈努力，从红旗 -1 号到红旗 -2 号，我国导弹技术从"仿制"步入"自行研制"阶段。地空导弹在部队作战中也发挥了出色的打击效果，逐步完善了我国的防空能力，让 U-2 侦察机再也不敢来随意侵犯。

红旗 -1 号

导弹最基础的一种分类方式是按照**发射点**和**命中点**来分类的。比如，从陆地发射，打击另一方陆地目标的导弹，就是"地地导弹"。如果是从空中的歼击机上发射，打击另一方的空中目标，就是"空空导弹"。

以此类推，还有比较常见的地空导弹、空地导弹，以及从舰艇打击地面目标的地舰导弹，从潜艇打击地面目标的潜地导弹，从潜艇攻击水面舰艇的潜舰导弹，从空中攻击舰艇的空舰导弹，舰艇之间互相打击的舰舰导弹，等等。这也是各个国家主要的导弹分类方式。

导弹还有许多五花八门的分类方式。比如按照**攻击目标**，导弹可以分为

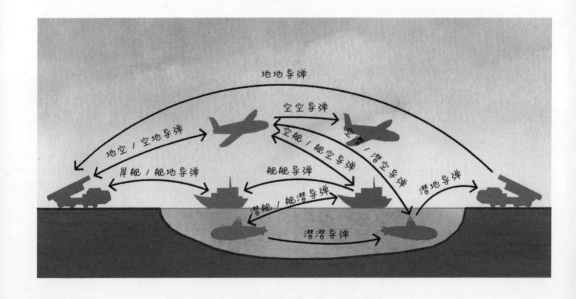

打击舰艇的反舰导弹，打击飞机的防空导弹，攻击潜艇的反潜导弹，打击坦克的反坦克导弹，摧毁敌方雷达的反雷达导弹，等等。

如果按照**射程**分类，导弹可以分为射程在 1000 千米以内的近程导弹，1000 千米到 3000 千米的中程导弹，3000 千米到 8000 千米的远程导弹，以及超过 8000 千米的洲际导弹。

如果按**飞行方式和轨迹**来分，则分为在中低空巡航飞行的巡航导弹和弹道导弹。

为了清晰区分导弹，我国还为同一类导弹取了名字。比如地地导弹叫"东风"，地空导弹叫"红旗"，地舰导弹、舰地导弹叫"巨浪"，反舰导弹叫"鹰击"，反坦克导弹叫"红箭"，等等。

这些名字背后是一个个导弹家族，每个家族还可以细分成很多型号。比如"红旗"导弹家族中，有红旗 -1 号、红旗 -2 号……一直可以数到红旗 -22号。每个型号又有改进型，比如红旗 -2 号，可以分为改进后的红旗 -2B、红旗 -2F 等。不断发展的科学技术，让我国导弹一代更比一代好。

火箭是一种超强运载工具，它可以把卫星、飞船送上太空。可是为什么有些导弹的外形和发射方式也很像火箭呢？它们究竟有什么区别？

一个是飞行器，一个是武器。火箭是一种飞行器，它依靠火箭发动机产生的反作用力来升空飞行。但它的本质并不是武器，而是一种有运载能力的巨大"交通工具"，就像我们的飞机、高铁一样，只不过它的目的地是太空，它的乘客则是卫星和宇宙飞船等。导弹虽然也会飞，但它的本质是武器。它有强大的动力装置、精确的制导系统，以及用来摧毁目标的战斗部，可以指哪儿打哪儿。

一个飞上太空，一个落回地面。 火箭一飞冲天后，速度会达到 7.9 千米 / 秒的第一宇宙速度，这时就可以脱离地心引力，把卫星送上太空了。弹道导弹动力装置跟火箭一样，也是利用火箭发动机来升空，但燃料耗尽后，爬升到最高点，就会向地面回落。它的飞行轨迹犹如一条抛物线，不过这条抛物线是计算好的，可以落在目标位置。

一个进入轨道，一个击中目标。 火箭最主要的任务是把卫星等航天器送上太空，它不需要击中目标，只需要进入太空轨道。而导弹的主要任务是精准打击目标，所以它有两大法宝：制导系统和姿态控制系统。制导系统就像导弹的眼睛，可以利用无线电、红外线、激光或雷达等，不断测量导弹在空中的位置和速度，再由计算机算出正确路径，接着把制导指令发给姿态控制系统，调整导弹的飞行路线、角度等，才能引领导弹一举命中目标。

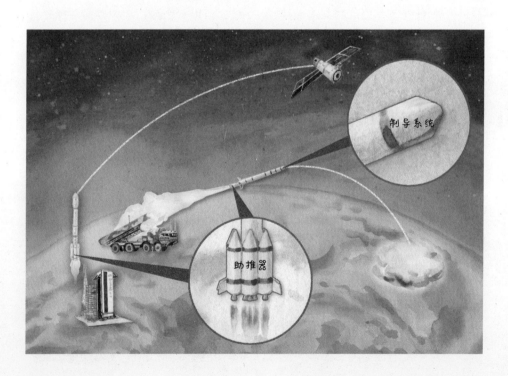

我国导弹从无到有，再到如今跻身世界先进行列，花费了60多年时间。随着科技不断发展，为了使我国导弹越来越领先和优质，要往哪些方向努力呢？

随着科技不断更新，导弹也要不断优化，才能成为名副其实的"大国利器"。为了达到这个目标，需要朝6个方向努力。

第一是**更智能**。让导弹拥有"人类的智慧"，也就是让它可以自己思考，自己去探测、跟踪、拦截目标，可以大幅提升导弹的作战能力。

智能

精确

第二是**更精确**。从制作工艺到材料零件，都要在质量上精益求精。要制造导弹，数量多很重要，质量也要越来越好。在研制过程中保持高度精确，不差一分一毫，才能造出更优质的导弹。

第三是**提高对抗力**。现代战场充斥着大量干扰，导弹对抗复杂电磁环境的能力也要越来越强，才能精准击中目标。

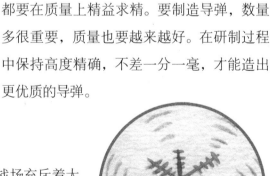

对抗力

第四是**指标参数更强**。导弹的射程、命中率、威力等指标参数决定了导弹是否可以打击更远、更大的目标，但这几个指标会互相制约，增加了射程会减小威力，威力增强又可能降低命中率……如何让它们发挥最大的作用，也是我国导弹设计努力的方向。

指标参数

射程 /km

弹长 /m

弹径 /m

起飞质量 /t

最大投掷质量 /kg

核心技术

第五是**掌握更多核心技术**。无论是在导弹材料、工艺上的科技突破，比如弹身更轻、威力更猛；还是在导弹功能上的技术突破，比如自动避障、自动隐身……掌握导弹的核心技术，才能拥有牢固的"地基"，持续输出更多创新技术。

第六是**全生命周期管理**。就像从一粒种子结成一颗果实，我国导弹也应该拥有完整的生命周期，从研发、制造、批量生产，再到用于部队作战，整个过程要连续且完整，每个环节都要由我们自己来把控，才能使我国拥有越来越优质的大国利器！

研发

部队作战　全生命周期　制造

批量生产

强国筑梦，大师寄语

钟山　　中国工程院院士　　制导系统工程专家

　　希望大家无论读小学、中学还是大学，都要学好各门课程，全面地汲取知识，不要偏科，不要只把精力放在某一个方面。在学习过程中，既要重视理论，也要重视实践，只有理论与实践相结合，才能更好地发光发热。也希望大家都怀抱三个热爱和三个努力。三个热爱就是要热爱党、热爱国家、热爱科学，三个努力就是要努力学习、努力团结、努力攀登。祝愿大家未来都能登上高峰，更快、更好地超越前人！

FAST 早期科学数据中心主任谢晓尧

30 个足球场那么大的望远镜，能看到外星人吗？

漆黑的宇宙神秘而浩瀚，散落着无数星辰。然而人类受视力的局限，只能看到宇宙中一小部分星体，还有许多看不见的"隐藏信息"躲在电磁波里，它们无时无刻不在向地球发射着信号，就像一个"宇宙电台"。人类需要一个巨大的望远镜，才能捕获这些神秘的宇宙信号。

在中国贵州，就有一个接收宇宙信号的望远镜——500 米口径球面射电望远镜，也叫"中国天眼 FAST"。它是世界上最大、最灵敏的单口径射电望远镜，可以接收来自外太空的信号，再把这些信号用计算机"翻译"出来，让我们了解更多宇宙的奥秘。因此，它也被称为"聆听宇宙的耳朵"。在它的帮助下，我们已经发现了 240 多颗脉冲星（截至 2021 年 1 月 13 日），还有望捕捉到神秘的引力波信息，为研究宇宙大爆炸提供数据支持。

"中国天眼 FAST"不仅是我国探索宇宙进程中的一项重要工程，它也为全世界人类探索宇宙开拓了全新的视野。"中国天眼 FAST"2021 年 4 月 1 日正式对全球科学界开放，征集全球科学家的观测申请。

浩瀚宇宙中是否存在其他智慧生命呢？"中国天眼 FAST"未来的观测可能会为我们揭晓答案。

无论在地球上，还是在真空宇宙中，电磁波无处不在，它是能量的一种。宇宙中的大部分物体都会发出**电磁波**，所以"电磁波家族"非常庞大，有无线电波、红外线、可见光、紫外线、X射线、伽马射线等。然而人类的眼睛只能感知最有限的"可见光"部分，要怎么观测其他看不见的宇宙万物呢？

为了观测不可见物质，我国科学家创造出了比人类的眼睛厉害得多的"**中国天眼FAST**"，它就像一个巨大的碟形天线，可以收集可见光之外的电磁波，再用计算机转换成我们能看到的图像。很多宇宙天体会发出我们人眼看不到的电磁波，所以"中国天眼FAST"的诞生，将人类对电磁波的监控范围，从小小的可见光拓展到太阳系之外，就算是遥远宇宙深处的电磁波，它也能接收到。可以说，"中国天眼FAST"是我们了解宇宙的超强工具！

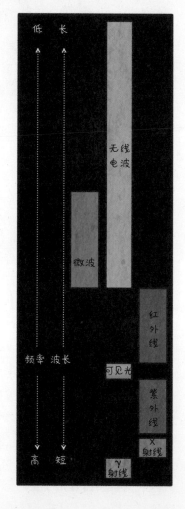

我们看星星用的光学望远镜通过光学镜头来接收外界的电磁波信号，但它只接收可见光范围的电磁波，直接就可以输出放大的可视图像。我们平时看到的美丽星空照片，都是光学望远镜的功劳。

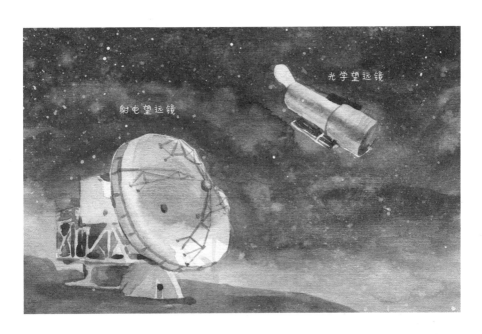

光学望远镜

射电望远镜

"中国天眼 FAST"这类**射电望远镜**，没有光学镜头，它们用巨大的天线来接收各类天体发出的电磁波，而且是可见光之外的电磁波，再由计算机转换成可视图像，供科学家进行观测。射电望远镜主要用来探测宇宙中**遥远的天体**和**地外文明**。

"中国天眼FAST"建在贵州省平塘县的一个山谷中，放眼望去，周围全是大山。这么先进的望远镜为什么不建在交通便利的地方呢？比如建在城市里，用起来不是更方便吗？

"中国天眼 FAST"位于贵州省黔南布依族苗族自治州平塘县克度镇大窝凼的喀斯特洼坑中，建在这里有三个原因。

第一，这里有一个天然的大坑，也叫"天坑"。"中国天眼 FAST"是一个直径 500 米的球面望远镜,它就像一口圆圆的大锅,想让这口大锅稳稳地放在地面,就要在地上挖一个直径 600 米的大坑,这项工程不知要花费多少人力和时间。如果某处山谷中有一个现成的"天坑",我们直接把"锅"放进去,就省力多啦!平塘县刚好有这样一个天然的大坑,尺寸也刚刚好。

第二,"喀斯特地貌"。"喀斯特地貌"是一些被地表水、地下水侵蚀的可溶性岩石,它们经过时间的洗礼,形成了奇特的外观。"中国天眼FAST"所在的天坑地下,刚好有一些喀斯特地貌的溶洞,就算下雨,雨水也会很快渗入地下,不会淤积在地表,也就能够避免腐蚀望远镜。

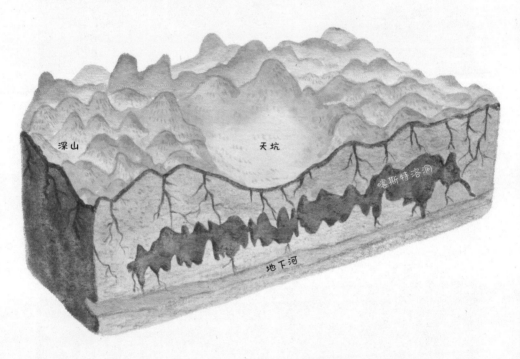

第三,接收电磁波信号不能有干扰。人类科技现在越来越发达,大城市里各类噪声、干扰多到难以想象。然而外太空的电磁波信号非常微弱,过多的噪声、电磁波干扰,会导致射电望远镜不能正常工作。所以要选择一处人烟稀少的僻静之地,尽量减少干扰源。

【小问号】

"中国天眼FAST"有多大？

"中国天眼 FAST" 全名是"500 米口径球面射电望远镜"，500 米直径意味着，这个望远镜有 30 个足球场那么大！从远处看，"中国天眼 FAST" 像一个闪闪发光的巨大圆盘，假如在这个圆盘里倒满水，再把这些水灌进 500 毫升容量的矿泉水瓶中，足足可以灌满 314 亿个瓶子！也就是说，足够全世界 70 亿人，每人分到 4 瓶水。如此巨大的望远镜，难怪会令全世界科学家惊叹不已！

"中国天眼FAST" 展现了人类非凡的创造力，让人类探索宇宙文明的脚步更快了一点儿。那么，这个神奇的望远镜究竟是什么结构，又是怎么工作的呢？

"中国天眼 FAST" 就像山谷中一口巨大又闪亮的大锅。这口"锅"的表面采用了**索网结构**，犹如一张巨网，由 6670 根钢索编织而成，架在 50 根巨大的钢柱上，上面铺着 4450 块反射板，再由 2225 根下拉索固定在地面的触动器上。工作人员调节触动器就可以改变反射板的形状，让它们变成凸面或凹面，精确度可以达到毫米级。

在"中国天眼 FAST"这口"锅"的中心正上方，还有一个由 6 根钢缆悬

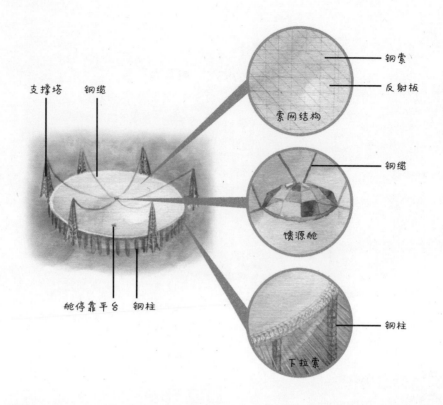

支撑塔　钢缆

钢索
反射板

索网结构

钢缆

馈源舱

舱停靠平台　钢柱

钢柱

下拉索

吊着的圆形"小锅盖"，我们叫它"**馈源舱**"，它就像天眼的"瞳孔"，起到"聚焦"的作用。

调节 6 根钢索的长度，还可以操控"馈源舱"的位置，让它在"锅"里自由移动，收集信号。当我们想观察某个特定方位时，就可以改变"馈源舱"的位置，并调节地面触动器，让小范围内的一部分反射板变成一口"小锅"，对准特定目标进行探索。

"中国天眼 FAST"是怎么干活的呢？这口巨大的"锅"就是一个巨大的天线，当天线接收到微弱的宇宙信号时，就会把它们反射给"馈源舱"，"馈源舱"再把它们聚焦起来，进行放大，送到高频接收机上，转换成一些杂乱无章的数据。科学家们会用计算机来剔除掉信号中的干扰，还原成纯净的宇宙信号，再由计算机来分析这些信号是来自某种星体还是某种物质。

理论上说，"中国天眼FAST"目前最远可以接收137亿光年远的宇宙信号，这个距离已经达到了人类探测到的宇宙边缘，那么，它能帮我们实现哪些科学目标呢？

搜索脉冲星。"中国天眼FAST"的科学目标之一，就是搜索脉冲星。什么是脉冲星呢？它是一种高速旋转的中子星，是巨大恒星爆炸后形成的产物，会不断发出电磁脉冲信号，就像我们的脉搏一样。探索脉冲星，有助于我们了解宇宙的诞生和演变。目前我国已经借助天眼发现了240多颗脉冲星(截至2021年1月13日)。

观测中性氢。观测中性氢是"中国天眼FAST"非常重要的科学目标之一，也是很多天文学家关注的焦点。什么是中性氢呢？氢是构成恒星的主要元素，宇宙中充满了氢，太阳的主要成分也是氢，它的能量为我们带来了光和热。但是除了这部分氢，还有一些氢遍布在宇宙各个角落，以中性氢原子的形式存在着，我们称之为"中性氢"。在宇宙边缘看不到星光的地方，这些中性氢形成了星际云，它们会发射出特殊的电磁波信号。用天眼去观测中性氢，就有可能重现宇宙的早期图像。

脉冲星

由中性氢组成的星际云

地外文明

寻找地外文明。"中国天眼FAST"的另一个重要目标，就是搜索地外文明，探索宇宙中究竟有没有外星人存在。目前，天眼已正式开启地外文明的搜索，寻找来自宇宙深处的高级文明。由于天眼灵敏度极高，如果能接收到外太空高级生命的信号，或地外文明的信号，这种发现会成为轰动世界的新闻。

脉冲星是"20世纪天文学的四大发现"之一，它们被天文学家亲切地称为"宇宙的灯塔"，也是"中国天眼FAST"的重点观测对象。它们对我们探索宇宙有哪些帮助呢？

我们现在去任何地方都要把手机的卫星导航系统打开，通过手机地图来找到正确的路线。那么，人类要去探索宇宙，要去外太空遨游，该怎么定位呢？在茫茫宇宙间，我们如何知道自己所在的位置呢？这个时候，"宇宙的灯塔"脉冲星就可以帮上忙了！

脉冲星可以周期性地发出电磁脉冲信号，就像宇宙中一部带有定位功能的手机，一座宇宙中精准的时钟。我们可以把找到的脉冲星编织成一个脉冲星计时网，这样就可以为宇宙飞船探索宇宙提供类似卫星导航这样的**定位功能**啦！

我国科学家还发现，如果选取一些毫秒级脉冲星，将它们组成计时阵列，就可以探测超大质量双黑洞等天体发出的**低频引力波**，揭开一部分宇宙奥秘。

除此之外，用脉冲星的脉冲信号还可以制作出美妙的"**太空音乐**"！

强国筑梦，大师寄语

谢晓尧　　FAST 早期科学数据中心主任

　　如果想加入 FAST 大数据研究和分析的队伍，我希望大家从小学好各门学科，好好锻炼身体。在不偏科的基础上，如果你非常精通英语和数学，未来从事我们这个领域的研究，就会如虎添翼。因为长大以后，如果你会讲一口流利的英语，就能和全世界的科学家更好地交流，了解全世界的科学进展；出色的数学功底也是进入我们计算领域的第一道门槛。因此，希望大家在学好每个学科的基础上，建立自己的兴趣数据库，在某些方面有所专注并多读一些好书，将来跟我们一起去探秘世界。

"慧眼"卫星地面科学应用系统副总设计师屈进禄

太空中的"慧眼"
能看到黑洞吗?

"慧眼"卫星，简称 HXMT 卫星，它是一架飘在太空中的望远镜，也是我国第一颗空间 X 射线天文卫星。2017 年 6 月 15 日，"慧眼"卫星由长征四号乙运载火箭发射升空，成功进入距离地球 550 千米的太空近地圆轨道，开始观测群星璀璨的宇宙中神秘的天文现象。

　　"慧眼"卫星的质量约有 2.5 吨，相当于一辆小货车，却承载了我国探测宇宙的重量级任务。"慧眼"卫星身上装备了高能、中能、低能共三组 X 射线望远镜，以及一个空间环境监测器，借助这些高科技设备，"慧眼"可以探测宇宙中的黑洞、中子星等天体，监测伽马射线暴、引力波等宇宙现象，还可以进行脉冲星导航的宇宙实验。

　　"慧眼"卫星为我国天文学家研究宇宙提供了大量的科学数据。在全球竞争激烈的高能天体物理观测领域，"慧眼"卫星也为我国争取到了有影响力的席位。从此，我国也拥有了一只超闪亮的宇宙"千里眼"！

【小问号】

"慧眼"这个名字有什么含义？

　　"慧眼"有两层含义。一是希望我国对宇宙的观测可以独具慧眼，看清宇宙的深层奥秘。另一层含义是为了纪念杰出的已故物理学家何泽慧，以及她对中国高能天体物理做出的贡献。何泽慧是高能天体物理学的领军人物和开拓者。希望我们也可以像她一样，拥有一双发现高能天体的智慧之眼。

说起望远镜，大家可能会想到看星星的光学望远镜、宛如大锅的"中国天眼FAST"射电望远镜。那么，"慧眼"和地面上这些天文望远镜有什么不一样呢？

　　光学望远镜和射电望远镜都是在地球上对宇宙进行观测的，因此也叫地面望远镜。"慧眼"卫星则是架在太空中的望远镜，也叫空间望远镜。无论在地面还是在太空，这两类望远镜的科学目标是一样的，都是通过收集天体发出的电磁波，来了解天体的构成、运行规律等。

　　有人会问，那为什么还要跑到太空去观测呢？这是因为宇宙中有一些天体，比如黑洞、中子星等，会发出强烈的 X 射线，为了研究它们，我们需要用望远镜观测这类 X 射线。

X 射线是一种波长极短、能量极强的电磁波，有超强穿透力。医院拍的 X 光片、机场和高铁站的安检仪器，都是借助 X 射线来透视。不过 X 射线有一个弱点，就是无法穿透地球大气层，会被大气层吸收掉，地面望远镜根本观测不到这类 X 射线。这怎么办呢？科学家们想出了一个绝妙的办法——把望远镜送上太空！那里没有任何遮挡，可以尽情观测各类天体发出的 X 射线啦！

这就是"慧眼"与众不同的地方，它可以观测地球大气层之外的 X 射线，甚至监测能量更高的伽马射线，帮助科学家们找到黑洞、中子星、脉冲星等高能天体的物质构成和运行规律，揭开宇宙的奥秘。

太空中，除了"慧眼"，还有很多空间望远镜，比如哈勃空间望远镜、钱德拉 X 射线太空望远镜、牛顿 X 射线望远镜等。与这些空间望远镜相比，我们的"慧眼"有哪些独特之处呢？

"慧眼"全名叫"'慧眼'硬 X 射线调制望远镜卫星"。"硬 X 射线"是指波长较短、能量较高的电磁波。反之，波长较长、能量较弱的则是"软 X 射线"。国外很多 X 射线望远镜，比如牛顿 X 射线望远镜，只能观测软 X 射线，对硬 X 射线一筹莫展。我国的"慧眼"却可以通过巡天扫描，收集宇宙中的硬 X 射线，再对得到的数据进行计算和分析，获取天体的高分辨率图像。我国科学家用简单的方法，做成了大事情！

"慧眼"还是国际同类望远镜中探测器面积最大的，超过 5000 平方厘米，可以接收更多 X 射线、伽马射线，大大提高了观测到奇特天文现象的概率。

　　另外，"慧眼"还是一个"工作狂"，一飞到宇宙中就开始 24 小时昼夜不停地工作，它不但可以实时监测宇宙中的高能射线，还会把这些观测数据不断地传回地球，让科学家们第一时间掌握宇宙最新的动态。

　　"慧眼"卫星就像宇宙中的"星探"，24 小时不间断地帮我们寻找着爆发力超强的神奇天体。那么，"慧眼"卫星有哪些有趣的发现呢？

　　在"慧眼"卫星这位"星探"的帮助下，我国的宇宙深层探索之路星光璀璨，观测到了不少重量级"大明星"！

　　明星一：脉冲星。脉冲星就像"宇宙的灯塔"，能不间断发出脉冲信号。"慧眼"卫星升空后，观测到一批孤立脉冲星和吸积 X 射线脉冲星（双星系统），还在宇宙中开展了 X 射线脉冲星导航试验，让航天器可以借助脉冲星在宇宙中定位，定位精确范围缩小到了 10 千米。未来，宇宙旅行再也不怕迷路啦！

脉冲星定位

　　明星二：伽马射线暴。伽马射线暴就像宇宙中的超强闪光，它是宇宙某处的伽马射线忽然增强又迅速减弱的现象。当巨大的恒星燃料耗尽坍缩爆炸，或两颗星体合并时，就会发出伽马射线暴。"慧眼"卫星展开大扫描时，发

伽马射线暴

现了一批伽马射线暴，充分验证了卫星的探测精度，当仁不让地成为国际上有效面积最大的伽马射线暴探测器。

明星三：引力波事件。 2017 年，人类第一次直接探测到双中子星合并产生的引力波。当时，全球只有4台空间望远镜监测着双星合并的天区，我国"慧眼"卫星就是其一。"慧眼"的观测结果为我们了解引力波提供了大量科学依据。

引力波

明星四：黑洞喷流。 喷流是指天体喷出的高速物质流，它们是观测黑洞的重要元素。"慧眼"卫星在对黑洞 X 射线双星爆发现象长达几个月的观测中，发现了一股以光速逃窜的物质流，也就是喷流。这是"慧眼"迄今观测到的距离黑洞最近的喷流，对研究黑洞有很大意义。

黑洞喷流

"慧眼"卫星让我们更贴近宇宙，但它的寿命只有4年，它的继承者——增强型 X 射线时变与偏振空间天文台也将展开对宇宙的探索，这将会带来哪些惊喜呢？

越来越多的中国天文卫星飞向宇宙，帮我们完成不同的科学目标，比如"悟空号"暗物质粒子探测卫星，"墨子号"量子科学实验卫星，以及即将发射的爱因斯坦探针卫星，等等。那么，"慧眼"卫星的继承者——增强型 X 射线时变与偏振空间天文台是探测什么的呢？

增强型 X 射线时变与偏振空间天文台，简称 eXTP，它是研究中子星、黑洞的旗舰型利器！"增强型"在"慧眼"卫星基础上，做了很大改进。

第一，"慧眼"卫星的成像要靠科学家后期计算，"增强型"则是一款真正的成像型望远镜。

第二，比起"慧眼"卫星的超大探测面积，"增强型"的探测面积又增加了许多，达到了"平方米"级别！

第三，"增强型"天文台的能量分辨率也升级啦！能量分辨率是指我们可以看到的光线的精细程度，"增强型"对光线的呈现会更精细。

第四，"增强型"还多了一个功能，可以测量 X 射线的偏振，收集到更精确的数据，深度研究黑洞、中子星的结构和相互作用。

有了新一代"增强型"天文台，我们将有能力观测黑洞怎样吞噬物质，看到天体怎样掉入黑洞，观测黑洞如何撕裂恒星，弄清中子星内部究竟有什么……只要科技不断进步，我们终有一天可以征服宇宙！

强国筑梦，大师寄语

屈进禄　　"慧眼"卫星地面科学应用系统副总设计师
中国科学院高能物理研究所研究员

　　想做科学研究，就要有远大志向，立长志，还要从智商和情商两方面来培养自身素质。智商可以让你具备科学研究的能力，情商可以让你跟科学家同行、与其他同事顺畅交流，得到他们的帮助。当然，你还要对科学感兴趣，有定力，才能保持钻研的热情。希望同学们努力学习，未来可以加入高能天体物理的研究之中，加入基础科学的研究之中，为我国的科技事业，为中华民族的科技复兴，做出自己的贡献。

中国科学院院士胡文瑞

人类为什么要探索宇宙的奥秘呢？

　　地球所在的宇宙是一个广袤的神秘空间，它包含着各式各样神奇的天体和神秘的天文现象，是人类梦寐以求的"科研基地"。

　　虽然宇宙中没有氧气，听不到声音，到处是危险的宇宙辐射，然而人类从未停止探索宇宙的脚步，这是为什么呢？因为宇宙是我们人类科技文明进步的阶梯。探索宇宙需要解决许许多多的科学难题，攻克这些难题，会使人类的科技飞速进步。为了探索宇宙，我们造出了火箭、卫星、宇宙飞船，研发出了超级计算机、射电望远镜……这些科技不仅能用来探索宇宙，还可以帮助人类解决日常生活中的许多问题。

　　我国探索宇宙的经验正在飞速累积，从第一艘载人航天飞船"神舟五号"顺利发射，到"嫦娥四号"探测器成功软着陆在月球背面，再到稳步推进的"天宫"系列太空实验室……相信我们在太空中生活的梦想，很快就能实现！

飞机起飞前，会在跑道上快速滑行，就像助跑一样，接着头一扬，就顺利飞上了天空。可是宇宙飞船发射时完全没有滑行，只是站立着就飞起来了，这是为什么呢？

飞机起飞时，迎面而来的空气被机翼分成两路，一路从机翼上方流过，一路从机翼下方流过，这些气流在飞机上下表面产生了**压力差**，当机翼下面的力比上面的力大时，飞机就被下面的气流"托"了起来，获得升力，飞入空中。

宇宙飞船的升空原理与飞机的空气动力学原理不同，宇宙飞船是"搭乘"火箭这个"交通工具"发射升空的。

过年时我们玩的烟花中，有一种叫**蹿天猴**。当我们点燃它的引线，借助

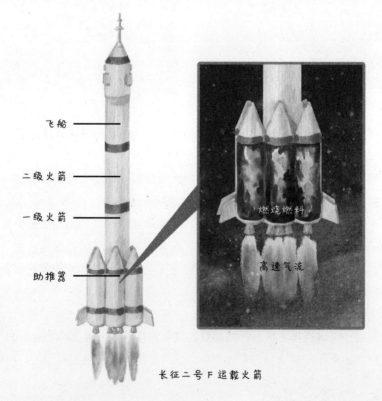

飞船

二级火箭

一级火箭

助推器

燃烧燃料

高速气流

长征二号 F 运载火箭

尾部喷出的气流，它就会嗖的一下蹿入空中，发出响亮的声音。蹿天猴之所以能起飞，是因为物体之间有作用力和反作用力。就像玩轮滑时，你推朋友一下，给了朋友一个推力，但同时自己也会向后退，这是因为，你也受到了朋友给你的反作用力。

火箭升空也是同样的道理。火箭点火后，尾部向地面喷出高速气流，火箭由此获得巨大的反作用力，就像有一只大手，从火箭下面不断对它发力，火箭就这样被"推"到了空中。

在空中飞行时，火箭身上除了带着宇宙飞船，还带着一节节"车厢"，每节"车厢"都有发动机和燃料，当一节"车厢"燃料耗尽，就会被分离、丢弃。随着火箭扔掉的东西越来越多，体重也越来越轻，速度自然越来越快。当火箭速度达到足以摆脱地球引力的速度时，就可以进行"船箭分离"，把宇宙飞船正式送入太空了。我国"**神舟五号**"载人飞船就是坐着长征二号 F 运载火箭飞入太空的！

火箭需要燃烧大量燃料，产生巨大推力，才能推动宇宙飞船离开地球。宇宙飞船升空为什么要消耗这么多燃料呢？难道地球上有什么力量拉着飞船，不让它飞走吗？

300 多年前，英国科学家牛顿提出了"**万有引力定律**"，**天体力学**由此诞生。这个定律是怎么回事呢？

"万有引力定律"认为，在自然界中，任何两个物体之间都是相互吸引的，引力的大小跟这两个物体的质量成正比，与两个物体距离的平方成反比。这意味着，两个物体质量越大，它们之间的引力越大；而两个物体如果距离变远了，引力也会相对减小。

地球就是一个质量无比巨大的物体，它会对周围一切物体产生引力，这种引力也叫作"**地心引力**"。树上的苹果成熟了会掉到地上，而不是飞到天上，正是因为受到地心引力的影响。

所以那个拉着宇宙飞船不让它飞出地球的神秘力量，就是地心引力！如果想要摆脱地心引力，就要用更大的力量和速度与它抗衡，比如让火箭燃烧大量燃料，产生巨大推力，带着宇宙飞船升入空中。当它的速度达到挣脱地心引力的速度时，宇宙飞船就能脱离地球的巨大引力，飞入太空中了。

当宇宙飞船终于冲出大气层，来到太空时，我们会发现，宇航员竟然飘起来了，这是为什么呢？

想知道宇航员为什么会飘起来，我们先来看看宇宙飞船是怎么飞行的吧！

火箭发射升入太空后，向上飞到一定高度，就会**调整方向**，沿着与地面平行的方向飞，也就是绕着地球飞，这是为了获得克服重力的**离心力**。什么是离心力呢？打个比方，我们拉着柱子转圈时，会感觉有股力量向外拉扯自己，这就是离心力啦！

获得离心力的宇宙飞船就像被一只巨手向外太空不断拉扯。然而同时，地心引力也在牵扯着宇宙飞船向地心掉落。当宇宙飞船的速度达到第一宇宙速度，也就是 7.9 千米 / 秒时，宇宙飞船获得的离心力和它受到的地心引力刚好可以**相互抵消**！

也就是说，此刻的宇宙飞船就算与火箭分离，没有燃料和动力，也不会掉回地球或飞向太空。这也意味着，宇航员在宇宙飞船里，受到的外力基本为零，他就像忽然失去了体重，犹如羽毛一样飘了起来。这种状态也被称为**失重**。

在宇宙飞船上，失重会影响很多事情。比如宇航员想要喝水，在地球上只需把杯子里的水倒进嘴里，就可以喝到。然而在失重状态的宇宙飞船里，不但人类会失重，连液体也会失重，水会从敞口容器里飘散到空中。所以在宇宙飞船里，宇航员想喝水，要从密封袋里用吸管挤到嘴里喝。记住，决不能在敞口瓶子里插吸管吸水！这可能会让水全部糊在脸上导致窒息，非常危险。

在太空中，我们要面临很多考验，比如失重，比如无法呼吸……人类可以在这样的环境中生活吗？会面临哪些挑战呢？

没有氧气！ 地球上有充足的氧气可供我们自由呼吸，然而太空是真空的，没有氧气这种东西。人类到了太空就没法呼吸了，只能待在有氧气的宇宙飞船里，或穿上特制宇航服，才能在太空中生存。

辐射！ 太空辐射包含很多危险的射线，会对人体造成极大伤害，所以我们看到宇航员在太空中行走时，都会穿着厚厚的宇航服。其实地球上也有来自太空的辐射，比如我们夏天会被毒辣的太阳晒伤，阳光也是太空辐射的一种，只是非常微量而已。幸好我们有地球大气层的保护，大气层几乎把所有危险的高能离子屏蔽掉了，阻隔了太空辐射对我们的伤害。

混乱的生物钟！ 地球上一天有 24 小时，随着日出、日落，每个人都有特定的生物钟，晚上想睡觉，早上又会自然醒来。然而到了太空中，生物钟会被彻底打乱。在近地轨道上，宇宙飞船绕地球转一圈，只需要 90 分钟。当

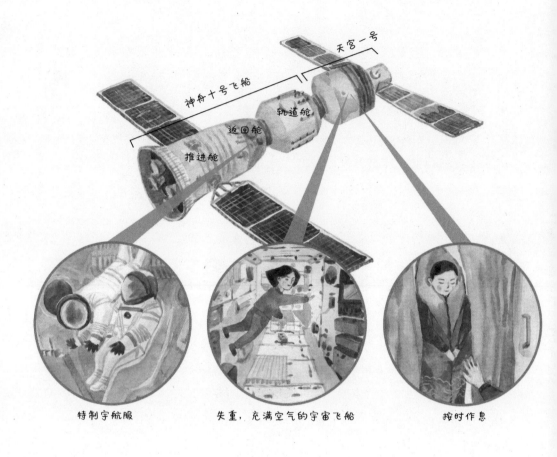

天宫一号

神舟十号飞船

轨道舱

返回舱

推进舱

特制宇航服

失重，充满空气的宇宙飞船

按时作息

飞船转向地球与太阳之间，就会看到一次日出；当飞船转向地球背面，太阳被地球遮住，就会看到一次日落。地球上一天24小时，宇宙飞船上的宇航员在24小时之内可以看16次日出和日落，就像度过了16天。这种昼夜节奏会彻底打乱生物钟。所以科学家们建议，哪怕在太空中，宇航员仍要按时作息，依照地球上的生物钟，才能在太空中保持健康。

想在太空中生活，就要好好研究太空环境，也要学习更多科学知识，才能做好探索宇宙的准备！

【小问号】

宇宙飞船是什么？

附加段　轨道舱　返回舱　推进舱

神舟五号

宇宙飞船是一种航天飞行器，它可以借助运载火箭的推力，挣脱地心引力，把宇航员和货物送上太空。宇宙飞船身体里被分隔成几间舱室，有座舱、推进舱、轨道舱、气闸舱、对接舱、返回舱等，这些舱室可以支持宇航员在太空中工作和生活，还可以把宇航员安全地带回地球。我国宇宙飞船被命名为"神舟"系列。2003年，"神舟五号"将航天员杨利伟送上太空，使我国成为继美国、苏联之后，世界上第三个将人类送上太空的国家。

虽然在太空中生活很困难，但太空真是太美丽、太神奇了！向窗外看去，一天可以看到16次日出和日落，说不定还能看到黑洞呢！不过，宇宙中真的有黑洞吗？

黑洞是否存在一直是科学家们探讨的焦点。黑洞是什么呢？当一颗大恒星燃烧完毕，开始坍缩时，就会产生一个黑洞，不管什么东西，只要被它吸引过去，就别想爬出来，所以被称为**黑洞**。

100 多年前，著名物理学家爱因斯坦提出了"**广义相对论**"，首次把引力场解释成时空弯曲，而黑洞附近的引力场，大到连光都无法逃脱。

"广义相对论"还预测了**引力波**的存在。在时空弯曲中，引力波就像石头丢入水中泛起的一圈圈涟漪，从辐射源不断向外扩散。

2016 年，美国的"激光干涉引力波天文台"宣布，人类第一次直接探测到了引力波，它是由两个 13 亿光年之外的黑洞，在合体的最后时期产生的。这个发现验证了爱因斯坦 100 年前的预言！

几年后，也就是 2019 年 4 月 10 日，人类有史以来**第一张黑洞照片**面世。这张照片是由 200 多名科研人员花费十几年时间努力得来的，他们把四大洲 8 个观测点的射电望远镜远程连在一起，组成一台比地球直径还大的"虚拟超级望远镜"，终于为神秘的黑洞拍下了它的第一张照片，**证明了黑洞的存在**。

强国筑梦，大师寄语

胡文瑞　　中国科学院院士　　液体物理学家
国家微重力实验室主任

　　大家想要飞向太空，需要做好知识积累。首先，外太空是真空环境，没有人类在地球上赖以生存的氧气，如果脱离了飞船，人类无法存活。其次，外太空辐射也很大，不像我们的地球大气层可以屏蔽掉高能离子。此外，生物钟也是需要解决的问题，我们大家都有生物钟，在地球上一天要经历 24 小时，而在太空中，一天能看到 16 次日出和日落，这也会改变我们的生物节律。总的来说，太空和地球的环境相差很多，同学们如果想在外太空生活，一定要好好研究。

哈尔滨工程大学科学技术研究院院长殷敬伟

潜艇在幽暗的海洋中怎么听和看？

茫茫大海中的潜艇离不开声呐的辅助。声呐是一种用于水下探测的电子设备，又被称为海洋中的"千里眼"和"顺风耳"。它可以利用声波来判断海洋中物体的位置和种类，对它们进行探测、跟踪、定位，还可以进行水下通信和导航，确保潜艇的全方位安全。

　　如今，声呐已经是各国海军监测水下动向的重要设备，有了它，可以及时发现敌人的潜艇和他们的违法越界行为，保障国土安全。除了军事领域，声呐也可以用于水下作业、海洋环境勘测、海洋渔业等民用领域。

　　我国声呐事业如今已取得了非常大的进步。我们引以为傲的"蛟龙号"潜水器就配备了世界级领先的声呐系统，可以用来躲避障碍、精确定位、高速传输图像和语音。

　　在难以察觉的"低噪声静音潜艇"领域，我国研发出了强大的声呐测试系统，可以发现敌方的低噪声潜艇，使我国水下预警技术跃入世界先进水平。

　　声呐技术的发展是海洋强国的坚实后盾。

科学家认为，海豚拥有世界上先进的声呐系统，它们仅仅通过鼻腔内肌肉振动发出超声波，就可以发现远处的猎物。我们人类用的声呐，是根据海豚的声呐系统发明的吗？

人有人言，兽有兽语。海豚是拥有高智慧的海洋生物之一，它们语言系统非常复杂，几乎和我们人类相似。声波既是海豚的语言，也是它们的"眼睛"。海豚发出的声波中，有三种最有特色：第一种类似**口哨声**，也叫哨音；第二种有点儿像猝发**脉冲声**，像是一系列吱吱咕咕声；第三种是类似**滴答声**的超声波。海豚会用前两种声波跟同伴交流、教育孩子或是驱赶鲨鱼，用第三种声波来定位猎物和阻碍物。

海豚是怎样发出声波的呢？它们不具有跟人类一样的声带，而是靠调节

口哨声   脉冲声   滴答声

鼻腔中的肌肉、气阀、气囊等振动来发声。研究进一步发现，海豚左鼻腔的振动和口哨声有关，而右鼻腔的振动和滴答声有关。当海豚游动时，鼻腔频频发出声波。这些声波以超快的速度向外扩散，遇到障碍物时，声波反弹回海豚灵敏的耳中，海豚就可以依据回声的高低不同，来判断猎物的位置、大小和种类了。

除了海豚，蝙蝠也同样拥有数一数二的声呐系统，可以利用回声定位来寻找食物、躲避障碍。海豚和蝙蝠听到的回声，就像我们对着大山高喊时，声音被大山反弹回来，我们听到的回声一样。

科学家们在海豚身上获得了灵感，于是模仿海豚在水下优秀的回声定位能力，发明了声呐。我们人类在水下潜艇上用的声呐，也像海豚的声呐系统一样，可以借助声波来探测和定位水下目标。有了声呐，海底世界也对人类敞开了大门。

1954年，世界上第一艘核潜艇"鹦鹉螺号"成功下水，它配备了当时最先进的声呐装置，在漫长的海中航行时，成功避开了所有危险地带，成为第一艘从水下穿越北极的潜艇。声呐在水下是怎么起作用的呢？

第一次世界大战期间，人们开始利用超声波探测水中潜艇的位置，声呐技术得到快速发展。随后，人类研发出越来越多的声呐装置。终于在1958年，"鹦鹉螺号"利用声呐系统在水下自由躲避障碍，成功穿越北极。

那么，声呐是如何帮助潜艇在水下躲避障碍物的呢？

原来，一艘潜艇上通常会装十几部甚至二十部声呐，这些声呐有两种工作方式，一种是主动声呐，另一种是被动声呐。

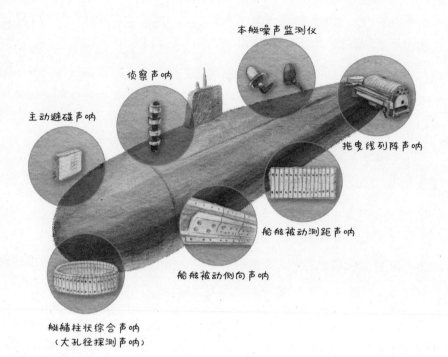

本艇噪声监测仪

侦察声呐

主动避碰声呐

拖曳线列阵声呐

船艏被动测距声呐

船艏被动侧向声呐

艇艏柱状综合声呐
（大孔径探测声呐）

主动声呐， 在水下可以主动发出声波，就像海豚在大海中叫一样。声波在水下遇到障碍物，便会被反射回来，计算这个返回的声波数据，再跟已知的障碍物声波数据做比较，就可以知道是哪种障碍物挡在前面，潜艇会不会撞到冰山或码头。主动声呐适合探测冰川、暗礁、海底建筑、鱼群、沉船、水雷或悄悄关闭发动机的隐藏潜艇。

被动声呐， 最大的特点是不会主动发出声波，而是静静聆听周围环境里的动静，来判断周围究竟有什么。潜艇如果想隐藏行踪，就会用被动声呐来探测周边环境。被动声呐是怎么工作的呢？原来，它可以监测水中其他目标产生的噪声或水声通信信号，再根据收到的声波，来判断对方的位置和距离。这种工作方式既可以发现敌情，又不会暴露自己。

无论是主动声呐还是被动声呐，都可以让我们更了解海洋，也不再惧怕海洋啦！

声呐用到的声波跟我们听到的声音不太一样。声音是指振动频率在 20 赫兹至 20000 赫兹的声波，这是人耳听得到的范围。声波范围更广，还包括次声波和超声波，次声波的频率低于 20 赫兹，超声波的频率高于 20000 赫兹，这两种声波都超出了人耳的听力范围。能听到次声波的动物有大象、狗、鲸和水母等。能听到超声波的动物有蝙蝠和海豚等。

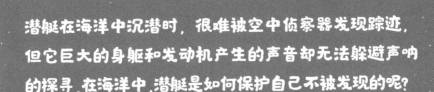

潜艇在海洋中沉潜时，很难被空中侦察器发现踪迹，但它巨大的身躯和发动机产生的声音却无法躲避声呐的探寻。在海洋中，潜艇是如何保护自己不被发现的呢？

　　潜艇是国之重器，被广泛应用在军事领域，是各国军事力量的体现。由于它可以悄无声息地沉潜在海中，不易被海面船只发现，可以出其不意地攻击对手，也因此被称为"水下杀手"。

　　然而声呐技术的发展成了一把双刃剑，它让潜艇的探测能力更强，也让潜艇更易暴露。比如当一艘潜艇用"被动声呐"探测周围时，它可以轻易发现不远处敌军潜艇上的一切动静：发动机和螺旋桨的噪声、巨大身躯划过海水的声音，甚至是潜艇内部机器的声音……

那么潜艇要如何在声呐的探测下做到"隐形"呢？各国科学家想出了一些方法。

降低潜艇自身噪声：把发动机和螺旋桨换成低噪声的款式，再为潜艇肚子里的设备装上有弹性的吸音、隔音装置，把潜艇动力装置也换成更低噪声的型号，这种做法可以有效使潜艇"隐身"，躲过声呐的侦察。

在潜艇外壳加装吸声涂层：这种涂层既可以吸收潜艇自身的噪声，又可以吸收敌方声呐发出的探测声波，可以使敌方声呐的探测能力下降 75%。

无轴泵喷推进器：我国核潜艇采用的无轴泵喷推进器，去掉了潜艇原本

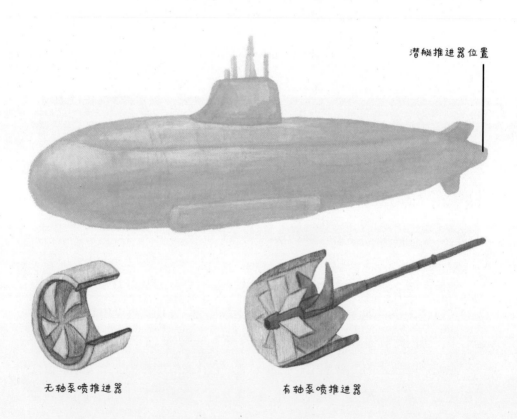

潜艇推进器位置

无轴泵喷推进器　　　　　有轴泵喷推进器

的传动轴——这曾是潜艇最大的噪声源，改成了用发电机发电，来驱动推进器电动机旋转。这种方法既可以降噪，又可节约艇体空间，是如今较先进的潜艇降噪技术之一。

这些声学方面的"隐身"招数，使我国潜艇的隐身性能大幅提高，更让我国潜艇技术向世界发达国家逼近，进一步助推海洋强国的梦想。

曾有新闻报道称，声呐可以帮人类探寻水下古城，这是真的吗？在我们的日常生活中，声呐还可以帮我们做些什么呢？

声呐的确可以帮我们探索**水下古城遗迹**！

我国考古队就曾多次借助水下机器人和潜水器上先进的声呐系统，来探测云南玉溪澄江县的抚仙湖，还在水下发现了一座占地约 2.4 平方千米的古城呢！

声呐是怎么探测水下古迹的呢？首先，声呐会发出声波，覆盖湖底。由于古城中有高台，有洼地，高低起伏的地势和建筑物形成不同的障碍。声波遇到这些障碍，就会反射回不同的声波。声呐接收到返回的声波，按照声波探测出的高低起伏，绘制成一张水下地图，水底古城的轮廓就出现了。

除了探索水下古迹，声呐还有更广泛的用途。在民用领域，声呐可以应用于海洋资源勘探开发、海洋环境监测、海洋渔业等。

比如小小的**探鱼仪**就是利用声呐来搜寻水下鱼群的，它还可以探测水底地形、鱼的大小，甚至是鱼的种类。拿着探鱼仪去钓鱼，可以轻松找到哪里有鱼，再也不用傻傻等鱼上钩了。

潜水时，声呐也可以发挥作用。平时潜水，朋友之间只能靠打手势来告

诉彼此信息。一旦有了声呐的帮助，我们就可以实现水下无障碍交流，水下旅游也会变得更加丰富多彩。

飞机上的黑匣子就像我们的行车记录仪，记录了飞机的飞行信息。黑匣子自带一个紧急声呐装置，一旦飞机失事，就会不断向四周发射频率为 37.5 千赫兹的超声波，搜寻人员用声呐探测到黑匣子的超声波，就可以找到黑匣子的位置并打捞了。

声呐让我们更了解海洋，也让我们从海洋中获益良多。

强国筑梦，大师寄语

殷敬伟　　哈尔滨工程大学科学技术研究院院长

　　水声技术是一门基础学科，一门实验学科，也是一门技术工程的应用学科。从基础学科角度来讲，我们要去研究声波在海洋中是如何传播的，海洋环境是如何作用到声波身上的。里面有很多基础科学问题。

　　从实验角度来讲，水声技术是一门与海洋打交道的学科，我们的每一项研究、每一门技术，都要通过在湖中、海中做大量实验，加以验证，揭秘其中的科学原理。

　　从技术工程应用角度来讲，水声技术的任何一项研究，都希望在海洋开发或在我们的军事中可以用到实处。

　　我们要把水声技术转化成设备，转化成装备，使它成为海洋强国建设的大国利器。希望大家了解水声，认识水声，热爱水声，投身于水声事业中，立志于为海洋强国贡献力量。

地震是一种有着破坏力的地球自然现象。地球表面的地壳就像一块块巨大的拼图，科学家把它们称为"构造板块"。当这些构造板块互相碰撞、挤压时，就会发生地震。地震产生的地震波会使大地剧烈抖动，导致房屋倒塌、地面开裂，甚至引发海啸。

无数人因地震受到伤害，甚至失去生命。因此，如何及时地预测地震，是全球科学家都在研究的世界课题。有研究表明，几秒到几十秒的地震预警时间可以大幅减少人员伤亡比例。预警时间越长，越能有效减少人员伤亡。

我国成都高新减灾研究所已建成全球最大的地震预警网，截至 2019 年 5 月，已覆盖我国 90% 的地震区人口，面积达到 220 万平方千米。我国的地震预警技术成果，使我国成为继墨西哥、日本之后，第三个具有地震预警能力的国家，并服务于"一带一路"沿线国家尼泊尔、印度尼西亚，使全球 6 个具有地震预警能力的国家中有 3 个靠"四川智造"成果支撑。目前，我国地震预警系统已经连续预警 57 次破坏性地震，从来没有发生过误报，保护了人民的生命财产安全。

科学家用地震传感器来监测"地震波"，可以提前几秒到几十秒时间发布预警，通知民众及时撤离。那么，什么是地震波呢？它会带来哪些影响？

地震会使大地震动，而这种震动是以波的形式向四面八方传播的，这就是地震波。地震波包括**纵波**、**横波**和**面波**。纵波会使地面上下振动，破坏力较弱。横波则会使地面摇晃，破坏力较强。面波是纵波和横波的混合波，只会沿地表传播，却会给建筑物带来极其严重的破坏。

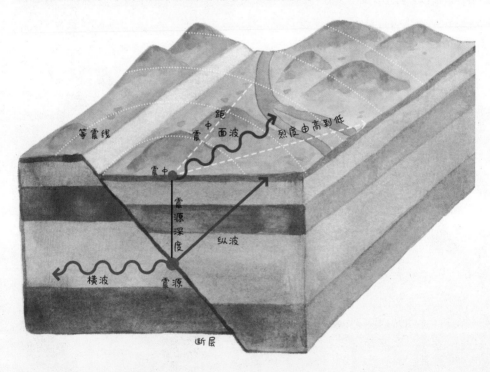

震源是地底产生地震波的发源地，**震中**则是震源在地表的垂直投影区域。当震源开始振动，就会向四面八方发出地震波。地震波就像一个"破坏王"，它所到之处，往往会引起房屋结构的损坏甚至崩塌，导致重大人员伤亡，也会使山体变形、滑移或产生落石，严重时甚至会引发海啸，致使高铁脱轨，损坏精密设备，导致燃气管线泄漏或危险化工品泄漏，威胁人们的生命安全，造成重大经济损失。

纵波：上下振动

随着科技不断进步，科学家通过地震传感器监测地震波，也可以做到提前几秒到几十秒，来预测地震的**震级**。每场地震只有一个震级，但距离震中远近不同，会产生不同的**烈度**。震级衡量地震的大小，烈度则衡量地表及建筑物受地震影响的大小。打个比方，震级就相当于电灯的瓦数，烈度就相当于电灯周围的亮度。一个电灯只有一个瓦数，但物体距离电灯远近不同，则会导致周围的物体看起来有不同的亮度。震级是地震波能量大小决定的，烈度则与震中距离远近有关，还受当地地质构造和人为条件影响。

横波：左右摇晃

面波

2019年6月17日晚，四川宜宾市长宁县发生6.0级地震，"地震预警系统"提前10秒对震中宜宾发出预警，提前61秒对成都发出预警，有效降低了人员伤亡和经济损失。那么，地震预警系统的原理是什么呢？

地震发生时，地震波的速度虽然传播得很快，但它没有电波或网络快，因此地震预警就是利用这个时间差，提前几秒到几十秒，对地震还没波及的区域发出预警，通知大家提前撤离，减少人员伤亡和次生灾害。

想要发出准确有效的地震预警，就要在可能发生地震的区域提前安装大量**地震监测传感器**。这些传感器一旦监测到地震信息，就会通过网络，把数据传回预警中心，预警中心再实时地分析这些数据，就可以在地震发生前，向地震可能会波及的区域发出预警，提醒大家避险、逃生，或让危化企业紧急关停，高铁紧急刹车，减少人员伤亡。

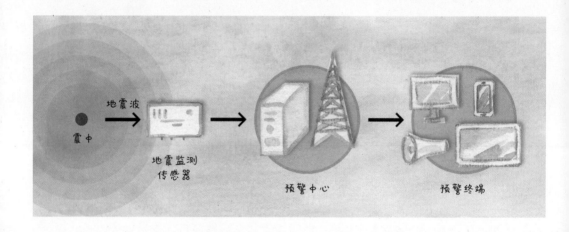

为了实现这个目的，还要首先建设**地震预警网**，通过地震预警网的秒级响应，实现对民众的倒计时警报。当时，四川宜宾长宁县的地震预警信息通过手机、电视、预警大喇叭，以及跟危化企业联动的预警终端，传递到了所有被地震波及的地区。成都当时一共有110个社区，用大喇叭倒计时的方式来提示地震即将来临，做到了成功预警。事后，地震预警系统在网上得到了刷屏式支持。

通过多种形式，确保预警信息及时传递给每一个人，才是地震预警系统的终极目的。

我们以 2019 年 6 月 17 日四川宜宾长宁县 6.0 级地震为例。在地震发生的**第 2 秒**左右，震源正上方的震中双河镇的监测传感器就监测到了长宁县的地震波。在这短短的几秒钟内，震中周边其他传感器也把数据传到了预警中心。预警中心迅

速综合处理这些数据，分析出长宁县地震大概是 6.0 级。到这时，其实地震刚刚发生了约 6 秒，预警中心判定震级后，就开始向周围发出地震预警信息。

在这约 6 秒钟内，地震波也正在向周边扩散，从长宁县到宜宾市主城区需要 16 秒，到乐山市主城区需要 46 秒，到成都市主城区需要 67 秒。幸运的是，在地震到达这些地点之前，预警中心已经把预警通过网络传递到了像宜宾市、乐山市、成都市这样的会被地震波及的地区。

用地震波扩散到这些地方的时间——16 秒、46 秒、67 秒，减去预警中心判断花费的时间——约 6 秒，就得到了地震预警时间。这次预警，为宜宾市、乐山市、成都市，大约分别争取到了 10 秒、40 秒、61 秒的宝贵撤离时间，有效降低了人员伤亡和经济损失。这就是地震预警系统的工作过程。

提前 5 秒、10 秒或 60 秒预警地震，能发挥多大作用呢？

　　有研究发现，地震提前 3 秒预警，可以减少 14% 的人员伤亡；提前 10 秒预警，可以减少 39% 的人员伤亡；提前 20 秒预警，甚至能够减少 63% 的人员伤亡。提前几秒到几十秒预警地震，可以让民众及时知道强震即将来临，做好心理上和行动上的准备，

避开危险的建筑，撤离到安全的地方去，也可以起到安定人心的作用。

　　2008 年 5 月 12 日的汶川地震，有 69000 多位同胞遇难。如果当时有地震预警系统，并且预警信息充分传达给每个人，可以推算出来，至少能够挽救 2 万人的生命。中国地震预警系统的研发人王暾，正是看到汶川地震给家乡带去的惨痛结果，选择了回国建设我国的地震预警系统。因此，他也被媒体称为"和地震波赛跑的人"。

天气预报可以提前几天甚至几周预测出天气，为什么地震就不能提前几天预测出来呢？地震预测的难度在哪儿？要如何解决这些难题呢？

　　地震预测目前还是一个世界难题。天气预报可以预测出未来几天甚至几周后的天气，地震预测却没那么简单，目前还没有任何科学技术可以帮我们预测某个地区几天后会不会有大地震。

很多科学家认为，地震预测难在三个方面。

第一，地震不是频发事件。因此很难积累足够的研究数据，而且一场地震的"孕育"时间很长，可能长达几千年甚至上万年。

第二，地球不可入或很难深入。想探测地球内部是非常困难的事，从地表向地球内部打洞，最深也只能打到 10 千米左右的深度。

第三，地震孕育的过程可能很复杂。这种复杂是我们现代的科技文明程度无法破解的。

因此，基于这三个原因，地震非常难以预测。不过几年前，我国科学家提出了 **"地下云图"** 设想，从概念上对这三个难点进行了突破。

地震的发生是由于地壳"应力"超过临界值而导致的振动。地壳应力是一种天然力，是在漫长的地质演化中，地壳产生的内部力量。地壳的运动、褶皱和变形，都是应力的作用。

我国科学家想以"云图"的方式，在地球表面安装"地下云图"传感器，监测地下 10 千米到 20 千米的应力和能量动态演化图，就像预测天气的天气云图一样，让地震科学家可以看图说话，来预测地震。一旦"地下云图"系统构建出来，预测地震的世界难题或许就可以解决。

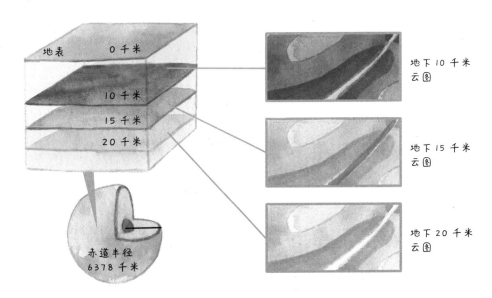

地表　0 千米　10 千米　15 千米　20 千米

地下 10 千米云图
地下 15 千米云图
地下 20 千米云图

赤道半径 6378 千米

在所有自然灾害中，可以说地震的破坏力是最大的，对人类的伤害也最为严重。未来，我们在地震预警方面，还会有哪些提高和突破呢？

未来，我国地震预测将会在两个方面有所提高。

第一，继续提高地震预测的**可靠性**。虽然过去这几年，地震减灾所的地震预警技术没有误报，但我们希望再过 10 年、20 年，仍然没有误报，因此要继续提高和确保地震预警技术的可靠性。

第二，提高系统的**响应速度**。也就是提高系统预警需要花费的时间，这样也可以缩小**预警盲区**，让震中周边更多人能够收到警报。

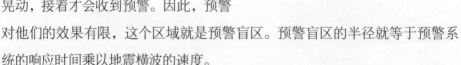

什么是"预警盲区"呢？这是震中周边的一个区域，这个区域的民众会最先感受到强烈的晃动，接着才会收到预警。因此，预警对他们的效果有限，这个区域就是预警盲区。预警盲区的半径就等于预警系统的响应时间乘以地震横波的速度。

现在，成都高新减灾研究所大陆地震预警网的响应时间是 6.2 秒，地震横波的速度是 3.5 千米/秒，那么它对应的盲区半径就是约 21 千米。也就是说，距离震中约 21 千米范围内的预警盲区，我们还无法做到及时预警。科学家正在做的工作就是缩短预警系统的响应时间，争取下一步可以把预警时间缩短到 5.5 秒、5 秒，甚至更短，逐渐缩短预警盲区半径，甚至消除盲区。

强国筑梦，大师寄语

王暾　　成都高新减灾研究所所长
　　　　地震预警四川省重点实验室主任

　　我希望同学们都能拥有自己的理想和梦想，不管这个梦想是什么，只要是有益于社会的，都可以去大胆追求。我也希望大家怀抱着成为科学家的梦想，因为科学和科学家都是推动社会发展的重要动力和力量。地震预警这个领域需要更多年轻人来参与，也需要不断的科技创新和技术创新。希望你们都能为这些理想和梦想而努力，让我们的祖国变得更强大！